高等院校
艺术设计精品系列教材

U0734268

居住空间设计

微课＋AIGC 案例版

＋ 黄亚娴 李巧玲 李卓 主编

＋ 刘欣怡 张宁宁 严滔 吴中林 副主编

AR T & D ESIN IG

人民邮电出版社
北京

图书在版编目（CIP）数据

居住空间设计：微课+AIGC案例版 / 黄亚娴，李巧玲，李卓主编. -- 北京：人民邮电出版社，2025.
（高等院校艺术设计精品系列教材）. -- ISBN 978-7-115-65803-6

Ⅰ. TU241

中国国家版本馆 CIP 数据核字第 20242RS906 号

内 容 提 要

本书从室内设计师的实用技能出发，以企业实际的项目为案例载体，以室内设计师的实际工作流程为脉络，全面系统地介绍了居住空间设计的相关概念、居住空间的功能与分类、居住空间设计风格定位、居住空间界面设计及形式法则等内容。本书内容共分为三个部分：第一部分是理论基础与储备篇，介绍居住空间设计的核心理念与前沿探索；第二部分是技能习得与提升篇，包括方案构思、方案深化和设计表达；第三部分是项目实践与应用篇，以真实项目为载体，系统介绍设计准备、方案设计和方案实施等工作流程。

本书既可以作为职业本科院校、高等职业院校室内设计相关专业的教学用书，也可以作为行业从业人员的技能培训参考书。

◆ 主　　编　黄亚娴　李巧玲　李　卓
　　副 主 编　刘欣怡　张宁宁　严　滔　吴中林
　　责任编辑　连震月
　　责任印制　王　郁　彭志环

◆ 人民邮电出版社出版发行　　北京市丰台区成寿寺路 11 号
　　邮编　100164　　电子邮件　315@ptpress.com.cn
　　网址　https://www.ptpress.com.cn
　　临西县阅读时光印刷有限公司印刷

◆ 开本：787×1092　1/16
　　印张：12.25　　　　　　　　　2025 年 1 月第 1 版
　　字数：253 千字　　　　　　　2025 年 1 月河北第 1 次印刷

定价：69.80 元

读者服务热线：(010)81055256　印装质量热线：(010)81055316
反盗版热线：(010)81055315
广告经营许可证：京东市监广登字 20170147 号

前　言

在当前社会，居住空间设计已成为一个备受关注的话题。随着人们对生活品质追求的不断提高，人们对于居住空间环境的需求也在不断提升。然而，传统的设计理念与现代生活的需求之间存在着一定的差距。本书的编写旨在突破传统的设计范式，紧跟时代潮流，将现代居住空间设计与实际生活需求相结合，通过对现代家庭的生活方式、文化背景及个性化需求的深入探索，构建起更贴近实际生活、更符合时代需求的设计理念。

本书基于行业标准与规范，并参考国内外先进的设计理念和实践经验编写而成。本书的内容主要包括初识居住空间设计、培养居住空间设计思维、掌握居住空间设计方法、方案构思、方案深化、设计表达、居住空间项目实战。通过学习本书，学生将具备现代居住空间设计的基本核心技能，掌握让居住空间变得更加科学化、人性化、智能化、绿色化的方法。

党的二十大报告提出：全面贯彻党的教育方针，落实立德树人根本任务，培养德智体美劳全面发展的社会主义建设者和接班人。本书既强调基础，又力求体现新技术、新工艺、新标准、新规范。在编写上通过简洁清晰的文字表述、丰富多彩的案例分析、图文并茂的展示方式，为学生呈现一场视觉与知识的盛宴。

本书具有以下特色。

• 案例丰富，强化应用。本书图片案例丰富，且融入AIGC的应用，向读者提供AIGC案例与提示词资源作为学习参考；各任务与模块后还设计了课后拓展、思考与实训等内容，实践性强。

• 配套国家级在线精品课程。本书中配有大量微课视频，皆选自配套国家级在线精品课程，指导性强。

• 校企合作。本书为湖北三峡职业技术学院与广东星艺装饰集团宜昌有限公司、湖北后居装饰工程有限公司、宜昌橙果心家装饰工程有限公司、宜昌梵若空间艺术设计有限公司合作的校企合作项目。书中许多图片与案例均来自企业真实项目。

• 资源丰富。本书配有PPT、教学大纲、教案等丰富的资源。用书老师可以通过访问人邮教育社区网站（www.ryjiaoyu.com）下载并获取相关资源。

本课程一共108学时，用书老师可以参考以下学时分配表分配学时。

学时分配表

项目	课程内容	学时
第一部分 理论基础与储备篇	模块1 初识居住空间设计	8
	模块2 培养居住空间设计思维	16
	模块3 掌握居住空间设计方法	24
第二部分 技能习得与提升篇	模块4 方案构思	12
	模块5 方案深化	18
	模块6 设计表达	18
第三部分 项目实践与应用篇	模块7 居住空间项目实践	12

本书由黄亚娴、李巧玲、李卓担任主编，并编写模块1~5，由刘欣怡、张宁宁、严滔、吴中林担任副主编，并编写模块6、模块7。

由于编者水平有限，书中难免存在不足之处，恳切希望广大读者批评指正。

编 者

2024年9月

目录

理论基础与储备篇

理论基础与储备篇

模块 1 初识居住空间设计

任务说明　通过本模块的学习，能够了解居住空间设计的概念与发展历史，熟悉居住空间设计的原则和具体流程，熟悉室内设计师须具备的基本素养和能力

知识目标　1. 了解居住空间设计的概念

2. 熟悉居住空间设计的原则和基本流程

3. 熟悉室内设计师须具备的基本素养与职业能力

能力目标　1. 能对居住空间设计工作有基本的了解，并且能够清楚定位室内设计师的工作要求与能力

2. 能知道居住空间设计的历史与发展，并能阐述清楚居住空间设计的内容

素质目标　培养终身学习、适应时代的职业精神

评价标准　1. 专业知识掌握程度占40%

2. 实际应用能力占40%

3. 职业素养及态度表现占20%

任务1.1 认识居住空间设计的概念与历史发展

▶ 学习任务导入 ▶

居住空间与人们的幸福感及健康密切相关。我国住房条件的改善、居住空间设计的变化，反映了我国的快速发展，也是我国国民生活质量全面提升的重要见证。居住空间不仅要美观，还要满足各种功能需求，更要展现民族文化。如何创造出符合现代人需求、具有本民族文化特色、有益于身心健康的居住空间是每个设计师需要思考的问题。

课前探讨

1. 通过网络收集时代感与历史文脉并存的居住空间设计作品。
2. 通过网络收集智能家居的设计案例与相关的其他资料。

▶ 学习任务讲解 ▶

一、居住空间设计的概念

居住空间为人们提供起居、进食、休息、家庭娱乐与活动等日常生活的场所，与人们密切相关。因此，居住空间设计看似简单，但又因为针对不同类型的家庭，以及各个家庭在不同时期的不同需求，所以有着千变万化的空间布局与装饰风格。

完美居住空间
炼成记

1. 居住空间的概述

《礼记·曲礼下》记载："君子将营宫室：宗庙为先，厩库为次，居室为后。"这说明我国古人对建筑的作用秉承的是以宗法为先，以农耕为次，以自己的居室为后的法则。而西方建筑师则认为居住空间要满足实用、坚固、愉快三大要素，2000多年前就对居住空间提出了"功能、结构和精神"的实际价值要求。

▲ 常见的居住空间

现代建筑师赖特则倡导"功能与形式是一回事"的建筑空间哲学。他的设计思想在他的设计作品"流水别墅"中得到了充分的诠释。赖特认为内部空间才是居住空间设计的实质内容，建筑的外观形式由内部空间决定，建筑的实用功能与设计形式需要和谐统一。

▲ 赖特的作品：流水别墅外景

勒·柯布西耶认为，居住空间设计需要像机器设计一样精密准确。居住空间不仅要满足实际生活需求，还要满足人的其他各种需求。居住空间需要为人类提供生活、情绪、心理、经济和社会交往等方面的服务。

▲ 勒·柯布西耶的作品：萨伏伊别墅建筑外观

▲ 勒·柯布西耶的作品：萨伏伊别墅建筑内景

心理学家马斯洛把人的需求归纳为5个层次：生理需求、安全需求、社交需求、尊重需求、自我实现需求。居住空间设计也应满足这5种需求。居住空间最基础的功能是给人提供遮风挡雨、日常生活、工作学习、休息娱乐的场所。现代人追求高雅的生活情调，追求舒适、悦目、有趣味且有归属感的居住空间，而不仅仅是满足生理需求的居住空间。因此，居住空间设计由原来单一的实用功能转向实用与审美功能兼具，由满足简单的生理需求向满足丰富的心理需求提升，进而向个性化、智能化、多样化、环保化的方向发展。

2. 居住空间设计的要素与内容

居住空间设计是一种艺术创作，设计师要在有限的空间内创造出功能合理、美观大方、格调高雅、用材讲究、经济耐用、富有个性的居住环境。

（1）居住空间设计的要素

居住空间设计主要包括功能、空间、界面、陈设、经济、文化6个要素。

① 功能要素

满足生活的功能需求是居住空间设计的基础。只有满足饮食、学习、娱乐、盥洗、休息等日常生活所需，居住空间才能更加舒适与方便。因此，功能要素是每个设计师需要重点考虑的要素。为达到功能合理的设计目的，设计师需要就每个设计环节与业主进行深入沟通。

② 空间要素

合理并具有艺术性地运用空间是居住空间设计的基本任务。居住空间设计需要运用空间界定的手法进行空间要素的塑造。空间要素包括空间的组织、空间的具体形态和空间色彩等内容。居住空间设计要结合现代设计手法与创新思维，打造出空间的新形象。

③ 界面要素

界面要素是指居住空间内部地面、墙面、顶面的造型、色彩、材料。界面设计要主题明确、风格统一、色彩和谐、造型上有虚实对比。

④ 陈设要素

陈设要素是居住空间的点睛之笔。居住空间装修完成后，室内家具、地毯、窗帘、工艺品的陈设可以给居住空间增添温馨的氛围与浓厚的文化气息，使居住空间能彰显业主个性、陶冶业主情操。

⑤ 经济要素

居住空间的装修材料种类繁多，质量参差不齐，价格也相差较大。在满足安全要求与使用功能需求的条件

▲ 体现中国传统文化的陈设设计

下，设计师可依据业主的经济承受能力来选择装修材料，合理地分配业主的装修费用，使居住空间的装修既经济实用，又有较高的审美价值。能否使居住空间的装修物超所值，体现了设计师对装修费用的把控水平。

⑥ 文化要素

居住空间具有个性化特点，需要充分展示业主的文化素养。在国际化的背景下，居住空间设计应表现中华文明的独特风格和审美情趣，展示我国各地区、各民族的灿烂文化遗产，让世界人民更好地了解中国。

（2）居住空间设计的内容

居住空间设计的内容主要包括空间形象设计、界面装修设计、物理环境设计和软装设计。

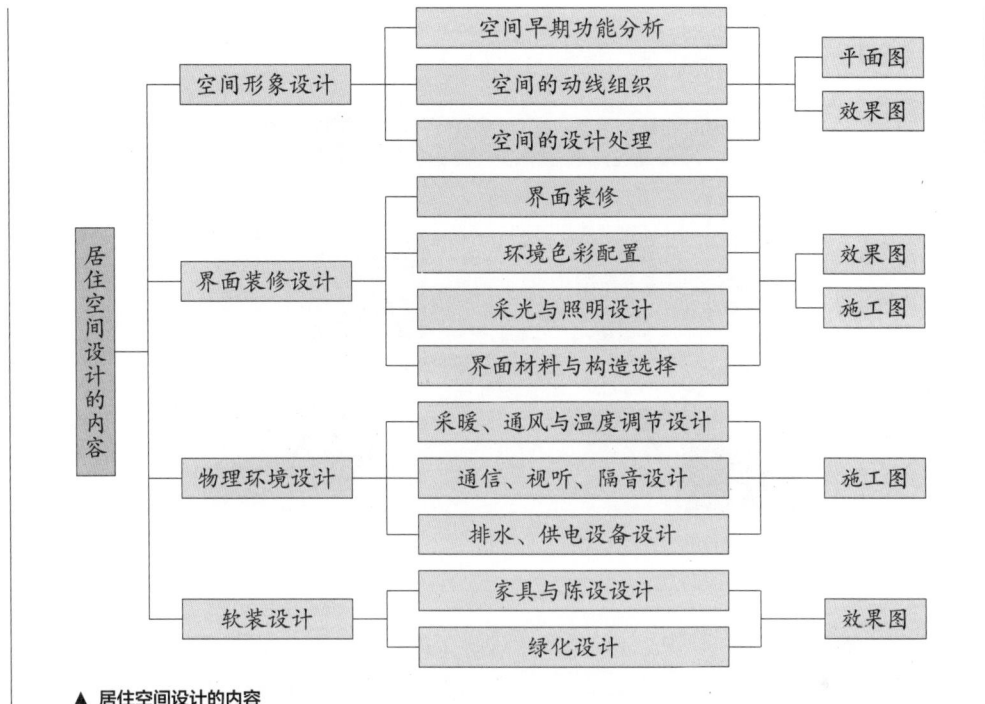

▲ 居住空间设计的内容

3. 居住空间设计的原则

居住空间设计一般应遵循以下5个原则。

（1）个性化与以人为本

居住空间设计要以满足人和人际活动的需要为核心，要充分考虑个性化、无障碍、回归自然等以人为本的设计要求。设计师要与业主充分沟通，依据业主的生活习惯及活动规律来进行居住空间设计。设计时应把握合适的空间尺寸及空间比例，处理好各个空间之间的关系，妥善安排室内通风、采光与照明，合理配置室内陈设，注意室内风格及色调的整体效果等，从而满足业主在室内生活的各项需求。

（2）空间环境整体化

空间环境的整体化是指用一个共同的元素将同一空间的不同事物有机地统一起来。比如，家具的款式、色彩、造型等都统一为一种风格，使空间环境表现出一种完整而和谐的视觉效果。在设计构思阶段，设计师要根据业主的职业特点、文化层次、个人爱好、经济条件等进行综合的设计定位，实现空间布局、界面装饰、环境气氛与使用功能的统一，保证空间色彩的统一及家具与装修风格的协调等。

（3）科学性与艺术性结合

居住空间设计既要充分重视科学性，又要体现艺术性，这样居住空间才能更好地满足人们在物质与精神方面的需求。居住空间设计的科学性是指利用家居智能化等科技手段使居住空间更舒适、便捷。居住空间设计的艺术性是指重视建筑美学原理，使居住空间具有创造性的表现力和感染力，满足人的视觉感官需求，并体现一定的文化内涵。

▲ 科学性与艺术性结合的居住空间设计

（4）动态发展与环保意识

倡导"低碳设计""环保设计"是每个设计师的社会责任。设计师既要考虑审美的发展变化，又要考虑节约资源、再生材料的应用等方面的可持续性设计。

（5）时代发展与文化传承

从人类社会的发展过程可以看出，物质技术与精神文化都具有历史的延续性。迎合时代发展和尊重历史文脉，从社会发展的本质来讲是有机统一的。居住空间中所体现的历史文脉，并不是简单的形式、符号的照搬照抄，而是涉及了平面布局和空间组织的整体设计，甚至包含设计中的哲学思想和观点。居住空间设计不仅需要体现时代性，还需要采取具有民族特点、地方风格的设计思路，充分考虑地域文化的延续和发展。

二、居住空间设计的现状与发展

随着我国经济的快速发展和人们生活水平的不断提高，人们的消费观念和消费方式都发生了显著的变化，居住空间设计在不断演变，我国的家装行业也在不断地趋于完善。

寻古问今谈居
住空间的演变

1. 居住空间设计的现状

居住空间设计虽然开始注重人性化设计，体现轻装修、重装饰的理念，强调设计工作的专业化，注重形式美的表现等内容，但依然存在一些问题。

（1）行业不规范，对设计的重视程度不够

由于家装设计行业的竞争比较激烈，许多装修公司为了吸引业主，推出了免费设计的优惠政策。在价格核算时，设计成为一种附赠，不收取费用。这种营销方式，从表面上看是业主得到了优惠，而实际上省下的设计费用还是被分配到了其他工程项目中，此外，这种营销方式存在的另一弊端就是设计师的地位和价值被忽视，这不利于优秀设计师的生存与发展，也不利于专业设计优势的体现。

（2）设计单调，缺乏文化内涵

目前居住空间设计缺少具有文化内涵的精品之作，许多设计师常常忽视设计的内涵和文化品位，简单地把居住空间设计理解成装饰材料的运用，以及立面造型、比例、色彩的组合，导致其设计思想简单、设计风格雷同，设计作品缺乏个性和文化内涵。优秀的设计作品应该更多地满足业主的个性化需求，体现业主的文化修养。

（3）环保意识薄弱，浪费资源能源

当前的居住空间设计，为了追求"华美""现代""新潮""气派"，以材料档次来评价装修水准，一味地使用昂贵、不可再生的材料，大量消耗花岗岩和大理石等珍贵材料，对天然资源的浪费较大。同时，还忽视环保节能问题，比如为了凸显装饰效果，在设计中大量采用高耗能的人工照明、大型空调等，既隔离了人与自然的直接联系，又浪费了大量能源。

2. 居住空间设计的发展趋势

时代的发展带来了新的审美趣味，同时催生了许多新颖的装饰材料及装修风格。居住空间设计的发展趋势为绿色低碳化、风格多元化、轻装修重装饰、"互联网＋"家装定制、智能化等。其中最主要的发展趋势为绿色低碳化与智能化。

（1）绿色低碳化

居住空间设计注重低碳环保理念的发展趋势，符合国家提出的"倡导绿色消费，推动形成绿色低碳的生产方式和生活方式"的要求。绿色低碳的设计是未来居住空间设计行业发展的主要方向，即用低能耗来满足生活需求，如使用高效率的节能灯具，最大限度地保护环境、提高资源的利用率。在居住空间的设计中，应尽可能选择可再生材料与环保装饰材料，打造高品位、人性化、舒适、美观的生活和工作环境。

（2）智能化

未来的居住空间设计多以智能化来提高居住空间环境的舒适度，以及保证环保和居住空间的多样化。以后的人们会更加关注居住空间的使用率、智能家居的普及及居住体验。但智能化的居住空间设计相对于传统的居住空间设计，会在装修上耗费更多精力和金钱。

▍学习任务小结 ▶

通过本节课的学习，对居住空间设计有初步了解，为后续的居住空间设计做好铺垫。

▍ 课后拓展 ▶

分小组整理不同时期居住空间设计的代表作品，并进行集体交流讨论。

任务1.2 培养室内设计师的职业素养

学习任务导入 ▶

　　居住空间设计的目的是创建宜人的居住空间环境，因此在设计时需要遵循一定的原则，同时也要求室内设计师能尽可能熟悉与之相关的基本内容，并能与有关工种的专业人员相互协调、密切配合，有效提高居住空间设计的内在质量。

课前探讨

1. 与同学之间交流你所知道的室内设计师的工作内容与职责。
2. 与同学讨论室内设计师都有哪些必须具备的能力与素养。

学习任务讲解 ▶

一、室内设计师工作的基本程序

1. 现场勘探与测量

　　设计的第一步，设计师必须到现场测量，测量准确的平面、立面的尺寸数据，对空间有充分的了解和掌握。设计师需要明确整个空间的结构受力情况，以及原有的排水系统、电力系统、燃气系统、详细的通风采光等情况，整理成图纸，作为后期设计的基础。

2. 与业主沟通、规划平面布局

　　了解业主相关的信息，如家庭人口、年龄、性别、每间房屋的使用要求、个人爱好、生活习惯等；准备添置设备的品牌、型号、规格和颜色等；插座、开关、电视机、音响等日后摆放的位置等；想要留用原有家具的尺寸、材料、款式、颜色等；将来准备选择的家具的样式、大小等；业主预计的投资、有没有需特殊处理的地方等。

3. 施工图设计

　　方案全部确定后，可以将平面图细化，根据确定的空间布局和详细效果，将方案细化成完整的施工图纸。施工图纸包括：平面图、地面铺装图、天花吊顶图、各个空间的立面图及剖面图、水路图、电路图、空调图等。然后对即将施工的各个工种进

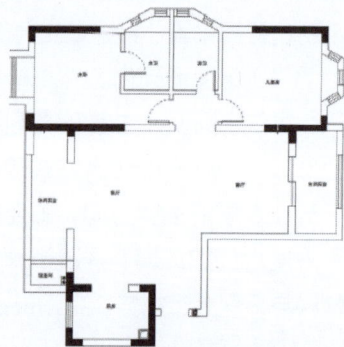

原始结构图

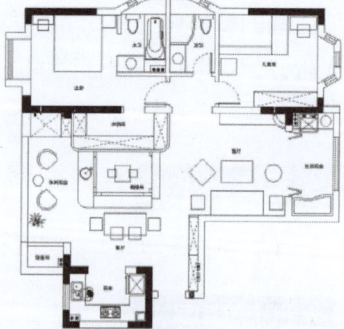

平面布置图

▲ 原始结构图与平面布置图示意图

行全面控制与指导，编制施工说明和详细的造价预算。

4．设计实施

居住空间相对于公共空间或办公空间来说，面积相对较小，但施工时基本上所有的工种都会涉及到，且对不同工种之间的配合程度要求很高，所以要求设计师、施工监理、施工队和业主共同配合，密切监督施工现场，以达到最佳的施工效果。

二、室内设计师的职责和能力要求

1．职责

室内设计师即室内装饰设计师，是指从事室内装饰设计工作的专业人士。根据国家职业标准，室内装饰设计师的职责包括但不限于以下方面：

（1）进行室内装饰设计方案的策划、制定和实施；

（2）进行室内空间的规划与布局设计；

（3）进行室内装饰材料和家具的选择与配置；

（4）进行室内灯光设计；

（5）进行室内色彩搭配与配饰设计；

（6）进行室内装饰施工图纸的绘制和交底；

（7）进行室内装饰工程的质量控制和监督。

2．能力要求

国家职业标准还规定了室内装饰设计师的能力要求，包括但不限于以下方面：

（1）具备艺术审美能力和创意设计能力；

（2）具备室内空间规划与布局的能力；

（3）具备室内装饰材料和家具选择与配置的能力；

（4）具备室内灯光设计的能力；

（5）具备室内色彩搭配与配饰设计的能力；

（6）具备室内装饰施工图纸绘制和交底的能力；

（7）具备质量控制和监督的能力；

（8）具备良好的沟通和协调能力；

（9）具备相关法律法规和行业标准等专业知识的运用能力。

学习任务小结

通过本节课的学习，对居住空间设计的基本程序，以及室内设计师需要具备的职责与能力有初步理解。

课后拓展

整理出室内设计师的具体工作内容，并进行小组讨论。

案例赏析

赏析优秀的居住空间设计作品

AIGC 案例

扫描二维码，可以看到使用通义万相平台生成的居住空间设计图，
以及对应的指令文字。

案例赏析　　　　指令文字

模块2 培养居住空间设计思维

任务说明　通过本模块的学习，能够掌握科学的设计方法、先进的设计理念，为
项目实践打下基础

知识目标　1. 了解居住空间的功能布局

2. 理解居住空间设计与人体工程学的关系

3. 掌握家居动线设计的概念与方法

4. 了解绿色化、智能化的前沿设计理念

能力目标　1. 能根据空间的功能需求进行分析并运用合理的尺度、合适的动线划
分空间布局

2. 能针对空间布局中存在的问题，提出布局优化方案

素质目标　1. 培养环保生态的意识

2. 培养严谨的工作态度

3. 培养团队精神与协作能力

评价标准　1. 专业知识掌握程度占40%

2. 实际应用能力占40%

3. 职业素养及态度表现占20%

任务2.1 居住空间功能分区

学习任务导入 ▶

　　功能决定形式，在设计居住空间时首先要对功能进行分析，居住空间的主要功能是满足人们在居家生活中的各种需求。

课前探讨

通过扫描二维码，观察给出的图片，同学们可以探讨一下居住空间具有哪些功能。

课前探讨

学习任务讲解 ▶

　　居住空间承载了非常多的使用需求。

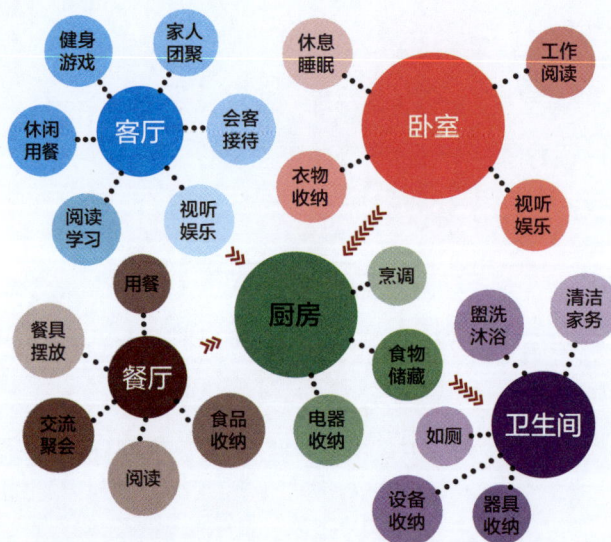

▲ **居住空间的使用需求**

一、居住空间的基本使用功能

　　我们都知道居住空间设计是为人而服务，是提升人们的生活品质的。根据不同的人群、职业、喜好设计的居住空间，其功能也有所不同。以现代人们的生活方式为基础，可以将居住空间的功能划分为公共空间功能、私密空间功能、家务空间功能。

室内空间组织
与功能划分

1. 公共空间功能

（1）玄关空间

玄关的主要功能是收纳和装饰。玄关是业主进门的第一个空间，业主回到家，随手的钥匙、文件、包、鞋、快递等都需要进行收纳。玄关也是家庭入户的门面，需要有装饰功能。

玄关设计

AIGC 案例

AIGC 技术在玄关空间设计中展现了其强大的个性化和智能化能力。通过先进的图像生成模型，设计师可以迅速生成多种玄关布局方案，满足不同家庭的个性化需求。例如，AIGC 能帮助设计师模拟各种玄关装饰元素，为设计师提供多样化的玄关设计方案。扫描二维码，可以看到使用通义万相生成的玄关空间方案图，以及对应的指令文字。

玄关空间案例

（2）客餐厅空间

餐厅是家人聚餐的一个重要场所，是一日三餐必不可少的地方。这个空间除了具有让一家人用餐的功能，同时还需要具有餐边收纳等功能。客厅是家人聚集的场所，从传统的视听功能到现代的多功能，客厅的功能发展得更为多样化，可以根据家人的需要来安排该空间的功能。

客厅设计

餐厅设计

▲ 学习型客餐厅空间

▲ 亲子型客餐厅空间

2. 私密空间功能

（1）卧室空间

卧室是住宅中最具私密性的空间，这就要求在设计卧室时要符合隐蔽、安静、舒适等条件。卧室的主要功能是睡眠和休息，另外也还包括收纳储物等功能。

卧室设计

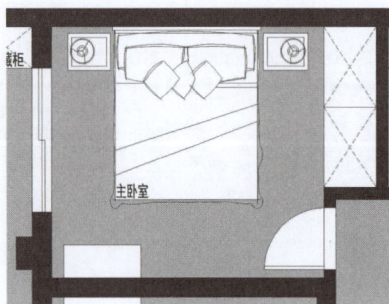

▲ 卧室平面布置图

▲ 卧室实景图

（2）书房空间

书房的环境要求安静，以幽雅、宁静为原则。书房要具有书写、阅读、储存书刊资料以及会客交流的功能。

书房设计

AIGC 案例

书房作为静心思考和创作的空间，其设计需兼顾舒适性和功能性。AIGC技术通过模拟不同的书房布局和装饰元素，为设计师提供了多样的的书房设计方案。扫描二维码，可以看到使用通义万相生成的书房方案图，以及对应的指令文字。

书房空间案例

（3）儿童房空间

儿童房最基本的功能就是睡眠，其次儿童房也是个玩耍的场所，另外，设计儿童房时还要考虑学习、收纳储物等功能。

AIGC 案例

通过输入孩子的喜好和房间布局要求，AIGC模型能够生成多彩多姿的儿童房效果图。扫描二维码，可以看到使用通义万相生成的儿童房方案图，以及对应的指令文字。

儿童房空间案例

（4）卫生间空间

卫生间在家庭生活中的使用频率是非常高的，且关乎业主最为隐私与最基本的日常，其功能包括盥洗、沐浴、如厕、储物等。

卫生间设计

AIGC 案例

通过 AIGC 模型，可以轻松实现卫生间的干湿分离、空间最大化利用等设计目标。同时，AIGC 还能模拟各种极简风格的装饰元素，如白色瓷砖、嵌入式壁龛和简约时尚的灯具等，使卫生间既干净宽敞又充满现代感。扫描二维码，可以看到使用通义万相生成的极简风卫生间方案图，以及对应的指令文字。

卫生间极简风格案例

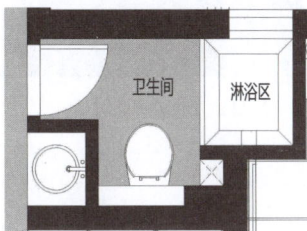

▲ 卫生间平面布置图

卫生间实景图 ▲

3．家务空间功能

（1）厨房空间

除了烹饪食物以外，现代厨房还具有收纳食材、烹饪设备与电器的功能。同时，厨房也是家庭成员交流、互动的场所。

（2）阳台空间

阳台首先要满足日常生活中的基本功能：洗衣晾晒、储物等。另外，阳台还可以满足业主的个人兴趣爱好，如种植、健身等。

厨房设计（上）　　厨房设计（下）

二、居住空间的精神生活功能

居住空间除了基本使用功能以外，还有满足精神需求的功能。好的居住空间设计能使人更加安心而舒适地待在家里，并能促进家庭成员的和睦相处。

1．营造和睦的家庭关系

居住空间可以影响家庭氛围，舒适的居住环境更容易创造出悠闲、放松的家庭氛围，提高家人的生活质量，让家变成心灵的港湾。

2．满足业主的个性化需求

人的需求从来都不是千篇一律的，因此居住空间设计也要因人而异。比如对于

▲ 好的居住空间给人创造一个舒适、优美、放松的环境

一些都市年轻上班族来说，居住环境简约、轻松，更能释放他们在忙碌的工作过程中积攒的压力；而对于一些有孩子的年轻家庭来说，室内设计多姿多彩一些，可以为孩子创造更有趣的居住环境，营造良好的家庭氛围。

3. 提升生活品质

居住空间应该与时俱进，其功能随着科技、环境、生活方式的变化而变化，从而更好地引导人们创造更加高质量的生活。

▲ 满足业主的个性化需求

学习任务小结 ▶

通过本任务的学习，读者对居住空间的功能有了清晰的认识，为后续思考设计方案打下基础。

课后拓展 ▶

▲ 智能化居住空间

1. 调研现代人的居家生活方式。
2. 对居住空间进行个性化的功能分析。

任务2.2 人体工程学的应用

学习任务导入 ▶

居室并非以大为荣，古人早就说过"室雅何须大"，客餐厅、卧室、厨房、洗手间等居住空间的尺度首先要适宜，然后再谋求人性化的设计，使之亲切近人。

课前探讨

1. 扫描二维码，仔细观察其中的图片，找出问题，和同学分析讨论。
2. 和同学交流讨论自己家中设计不合理的地方，并分析导致空间不可用或者不好用的原因。

课前探讨

学习任务讲解 ▶

一、人体工程学概述

1. 什么是人体工程学

人体工程学，也称工效学（Ergonomics），是在1857年由波兰学者贾斯特洛博斯基提出的，在我国应用的名称有很多，比如人类工效学、人类工程学、人机工程学等。人体工程学的宗旨是：研究人与人造产品之间的协调关系。人体工程学的目的是提高人类工作和活动的效率，保证和提高人类追求的某些价值如安全、健康等，一个好的设计是可以同时形态美观又符合人机协调因素的。

2. 人体工程学在居住空间中应用的意义

人体工程学从本质上来说就是使设计的事物尽量适合人体的自然形态，从而使人获得舒适、高效、健康的使用体验。居住空间设计中的人体工程学体现在家具尺寸大小、室内过道宽度等人性化的空间规划。

二、常见家具尺寸

1. 床的常见尺寸

双人床的常见尺寸有1500mm×2000mm、1800mm×2000mm以及2000mm×2000mm。单人床的常见尺寸有800mm×1800mm、900mm×1900mm、1200mm×1800mm、1050mm×2000mm、1200mm×2000mm。比较常用的单人床尺寸是1200mm×2000mm，而公寓经常使用的单人床尺寸是900mm×1900mm。

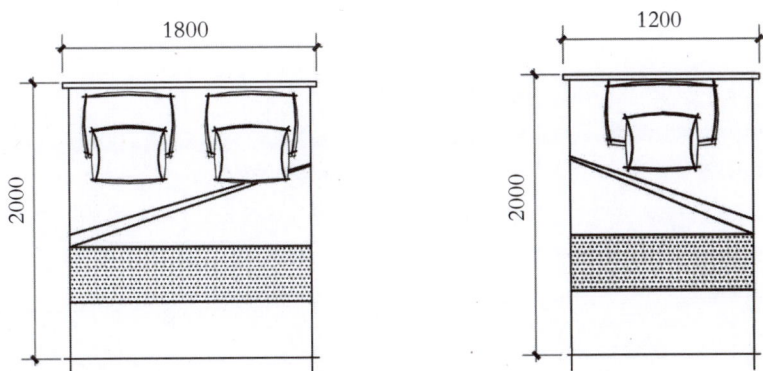

▲ 双人床尺寸（本书中所有图中未标尺寸数据单位均为mm）　　▲ 单人床尺寸

2. 书柜的常见尺寸

一般书柜进深为240~450mm。

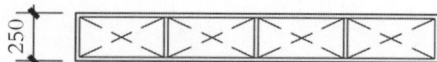
▲ 无门书柜

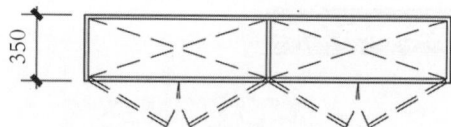
▲ 有门书柜

3. 衣柜的常见尺寸

无门衣柜大都在更衣室使用，衣柜进深在500mm左右；有门衣柜进深在600mm左右；横拉门衣柜，需再加80~100mm的滑轨尺寸，例如：600mm（柜深）+100mm（滑轨尺寸）=700mm（横拉门衣柜总进深）。双层衣柜采用横拉门或者无门，其总进深为1000~1150mm。

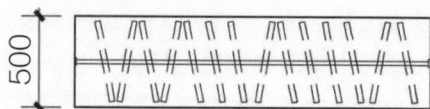
▲ 无门衣柜

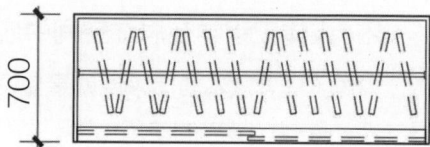
▲ 横拉门衣柜

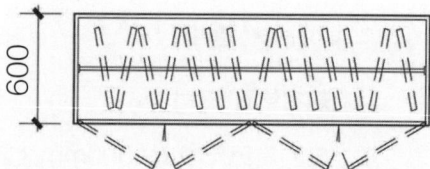
▲ 有门衣柜

4. 沙发的常见尺寸

一般沙发宽度为800~1000mm，宽度超过1000mm 的多为进口沙发，并不适合东方人使用。其中单人沙发宽度为600~900mm；双人沙发宽度为1500~2000mm；三人沙发宽度为2100~2400mm；L 形沙发延长宽度为1600~1800mm。

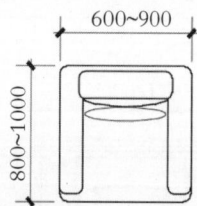
▲ 单人沙发

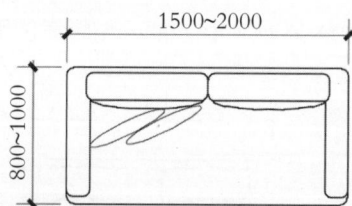
▲ 双人沙发

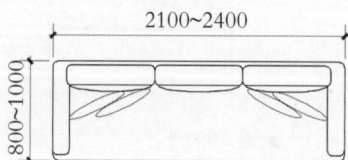
▲ 三人沙发

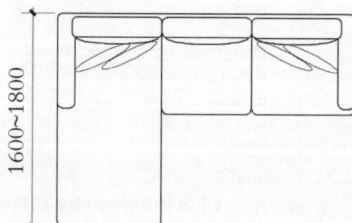
▲ L形沙发

5. 洗脸台的常见尺寸

洗脸台有下嵌式及台面式两种，台面宽度为450~600mm。镜面柜的常用进深为150~200mm。

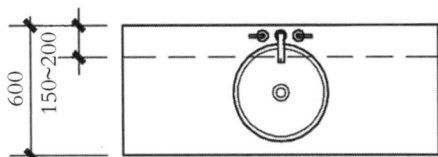

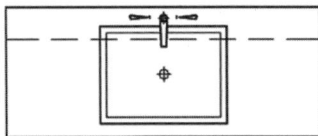

▲ 下嵌式圆形或方形洗脸台

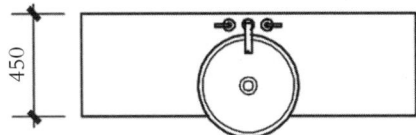

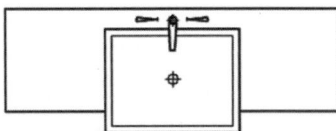

▲ 台面式圆形或方形洗脸台

6. 其他卫生间设备常见尺寸

马桶常用的使用净宽度为750~1000mm，座宽为450~470mm。淋浴间常用的使用宽度为850~1500mm，使用长度为1000~2000mm；淋浴间玻璃隔间门的宽度为600~700mm，止水门槛的宽度为80~120mm。浴缸的常用长度为1500~1900mm，常用宽度为700~1000mm，常用深度为450~640mm。浴缸边缘的平台宽度为100~300mm，浴缸可设置四边平台、前后平台、左右平台等。

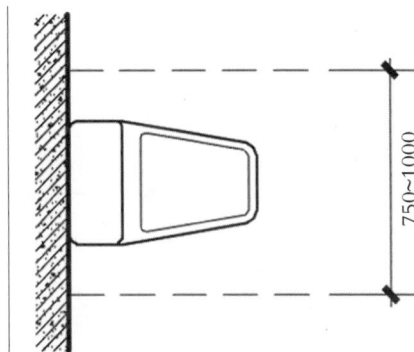

▲ 马桶

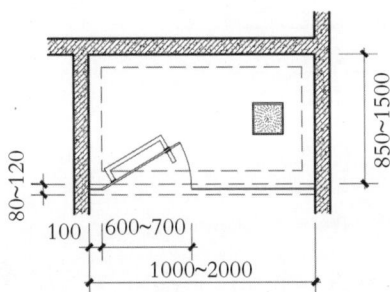

▲ 淋浴间

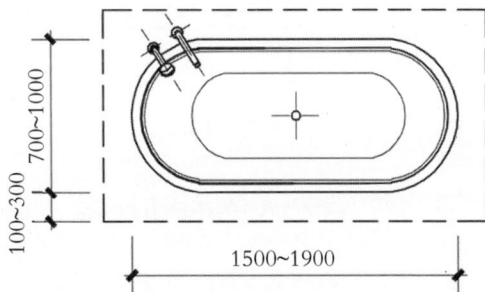

▲ 浴缸

7. 橱柜的常见尺寸

开门高柜的宽度为300~600mm每门，开门宽度尽量不要超过600mm，过宽易变形；上掀矮柜的进深为350~600mm，上掀吊柜常使用的进深为250~350mm；横拉门高柜的宽度为450~1200mm每门，因为是横拉门所以进深须再加80~100mm的滑轨尺寸，例如：350mm（柜深）+ 100mm（滑轨尺寸）=450mm（横拉门高柜总进深）。

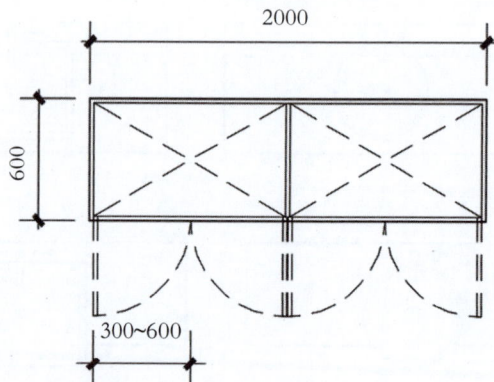

▲ 开门高柜

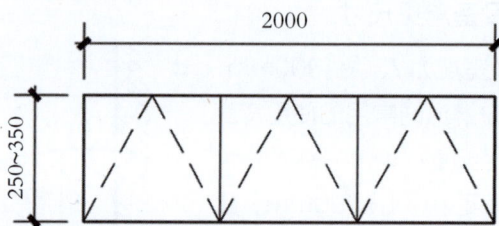

▲ 上掀吊柜

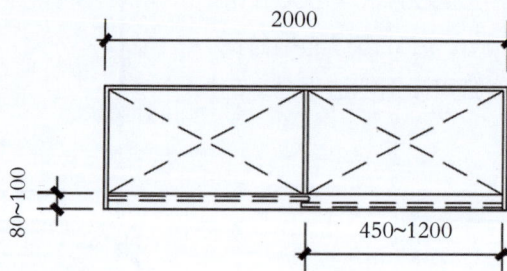

▲ 横拉门高柜

三、住宅内人的活动尺度

设计师在进行布局之前，应该先了解一下关于走道即通过宽度的基本尺寸。在能够保证最低限度的通行宽度的前提下，再考虑对空间的利用。另外，经常使用的、需要非常方便到达的区域，更需要适当拓宽，以便保证便利性。

1．通行尺寸

一般来说，侧身通行最小宽度为400mm，一人通行最小宽度为550mm，双手端物通行最小宽度为750mm，两成年人通行最小宽度为1200mm，成人与孩子通行最小宽度为1000mm。

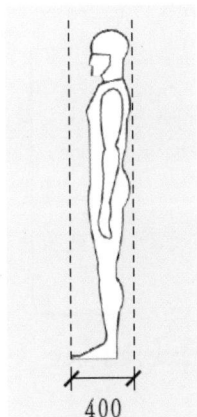

▲ 侧身通行最小宽度

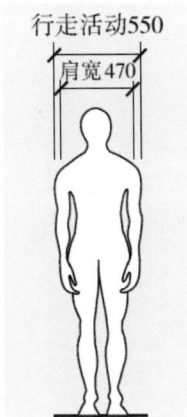

▲ 一人通行最小宽度

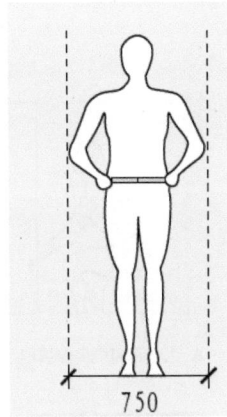

▲ 双手端物通行最小宽度

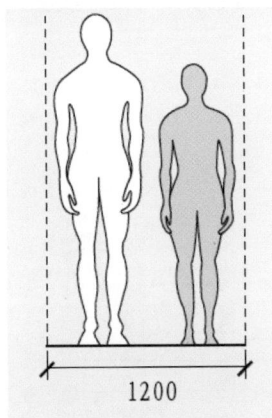

▲ 两成年人通行最小宽度

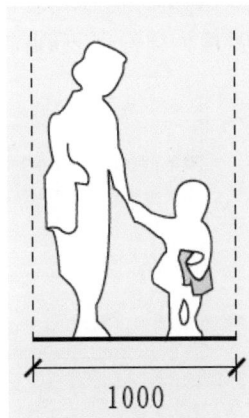

▲ 成人与孩子通行最小宽度

2. 柜体前预留尺寸

人站立时侧身宽度最小为400mm，人完全蹲下时侧身宽度最小为900mm，人半蹲时侧身宽度最小为900mm，人弯腰时侧身宽度最小为900mm。

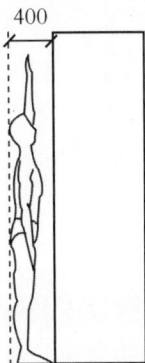

▲ 人站立时侧身宽度最小尺寸

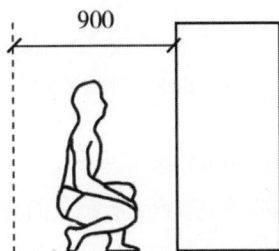

▲ 人完全下蹲时侧身宽度最小尺寸

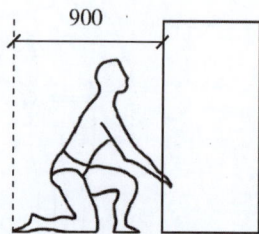

▲ 人半蹲时侧身宽度最小尺寸

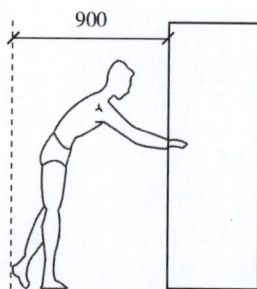

▲ 人弯腰时侧身宽度最小尺寸

3. 视听活动距离

电视到沙发的距离一般为 1800~3500mm，具体由电视尺寸和空间尺寸决定。电视安装最佳高度为 930~1200mm。

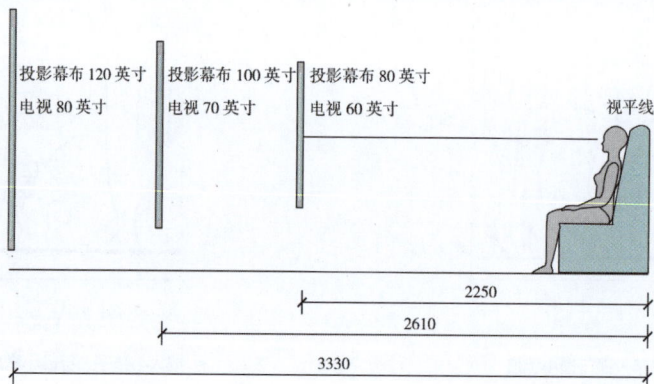

▲ 电视到沙发的距离

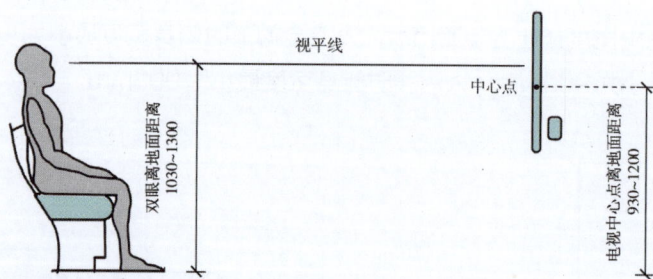

▲ 电视安装的最佳高度

4. 桌椅周围通行距离

邻座椅子的最小间距为 600mm，仅能转动椅子入座的最小距离为 750mm，仅可向后拉出椅子入座的最小距离为 900mm，椅子后可通过人的最小距离为 1200mm。

600

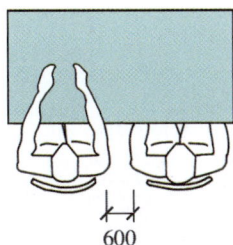

▲ 邻座椅子的最小间距

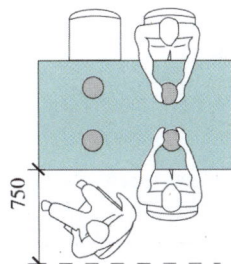

750

▲ 能转动椅子入座的最小距离

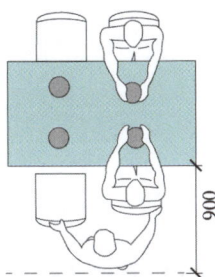

900

▲ 仅可向后拉出椅子入座的最小距离

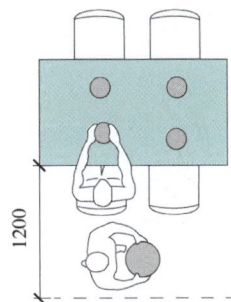

1200

▲ 椅子后可通过人的最小距离

5. 水槽区活动尺寸

适合女性的水槽区平均高度为800~850mm，适合男性的为800~900mm。

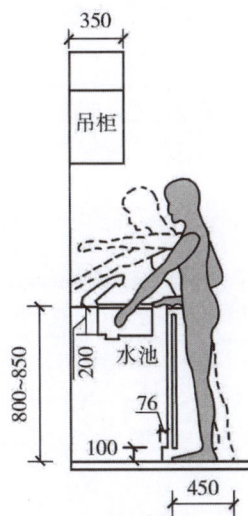

350

吊柜

水池

800~850

200

76

100

450

▲ 水槽区平均高度（女性）

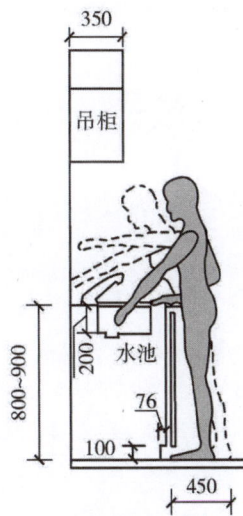

350

吊柜

水池

800~900

200

76

100

450

▲ 水槽区平均高度（男性）

6. 床周围的通行距离

仅够一人通行的床周围要预留550~600mm，能在床旁蹲下铺床至少预留900mm，能进行清扫活动至少预留1200mm，床尾边沿与电视柜至少预留900mm。

23

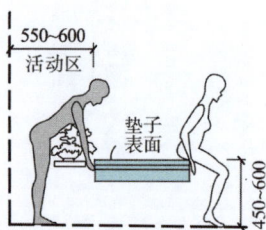

▲ 仅够一人通行预留距离

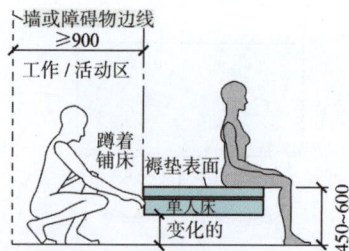

▲ 能在床旁蹲下铺床预留距离

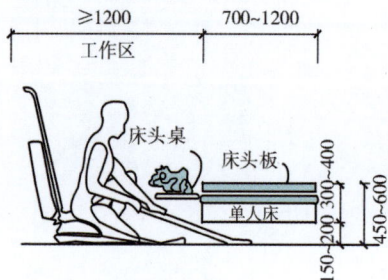

▲ 能进行清扫活动预留距离

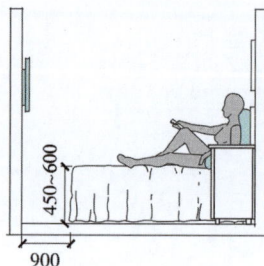

▲ 床尾边沿与电视柜预留距离

7. 洗脸区活动尺寸

成人洗脸台高度为800~850mm，儿童洗脸台高度为500~550mm。

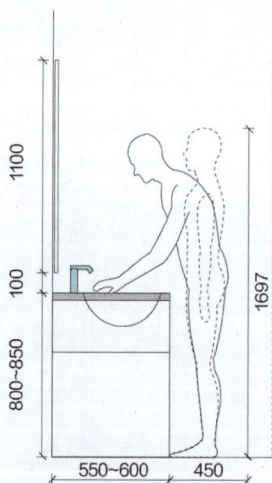

▲ 成人洗脸区活动尺寸

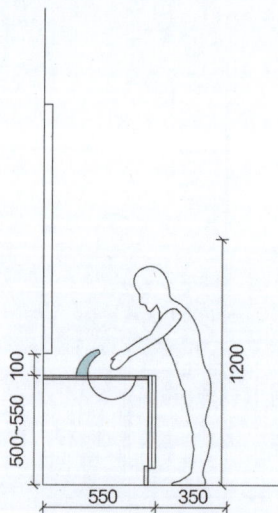

▲ 儿童洗脸区活动尺寸

8. 淋浴区活动尺寸

方形淋浴区最小尺寸为900mm×900mm，弧形淋浴区最小尺寸为900mm×900mm，钻石形淋浴区最小尺寸为900mm×900mm。

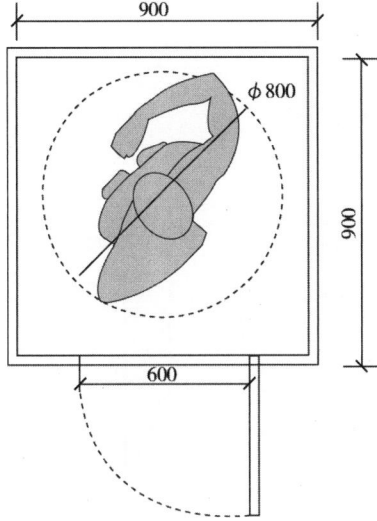

▲ 方形淋浴区最小尺寸

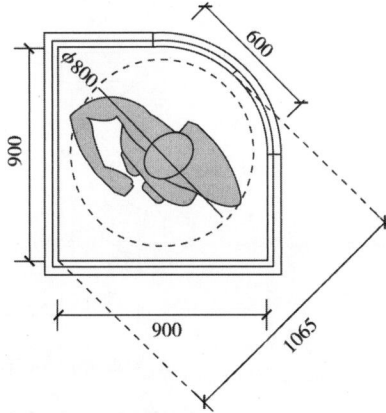

▲ 弧形淋浴区最小尺寸

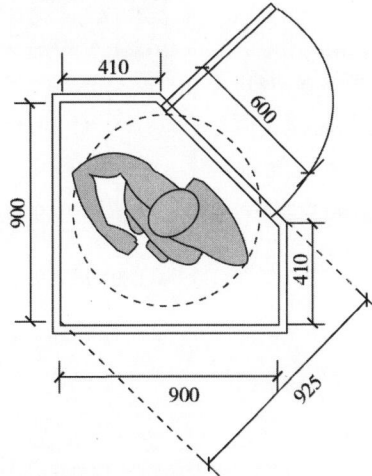

▲ 钻石形淋浴区最小尺寸

四、平面单元常见布局

1. 玄关常见布局

（1）一字形布局

一字形布局中，如果想设置玄关柜，那么玄关宽度不能低于 1200mm，这样预留出 900mm 的最小过道宽度后，能在靠墙一侧设计进深最小 300mm 的玄关柜。

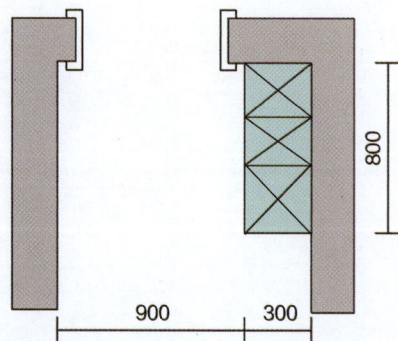

▲ 玄关柜的长度可根据玄关长度决定，但最少要有 800mm

（2）双侧布局

如果玄关两侧墙体之间的距离大于或等于 1600mm，那么可以考虑设计双侧玄关柜，或者一侧玄关柜一侧换鞋凳，中间预留出大于等于 900mm 的过道宽度。

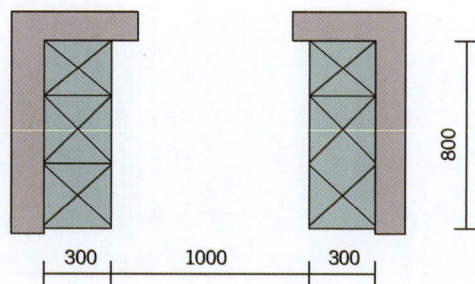

▲ 双侧布局一侧的玄关柜可以换成 300mm 的换鞋凳

（3）L 形布局

玄关处开门见墙，可以考虑 L 形布局，靠墙设计一排玄关柜或者换鞋凳，但要注意玄关进深要大于等于 1200mm，这样才能放得下进深 300mm 的玄关柜，同时柜前能预留出 900mm 及以上的活动距离。

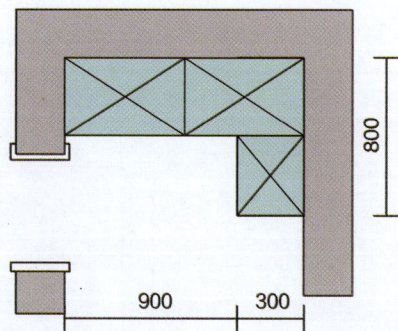

▲ L 形布局

2. 客厅（起居室）常见布局

（1）一字形布局

客厅最基础的布局就是以电视机为中心，这种布局主要由电视柜、茶几和沙发三者之间的距离决定。一字形布局中茶几到电视柜的距离最小为900mm，这样才能保证人可以蹲下拿取电视柜内的物品。

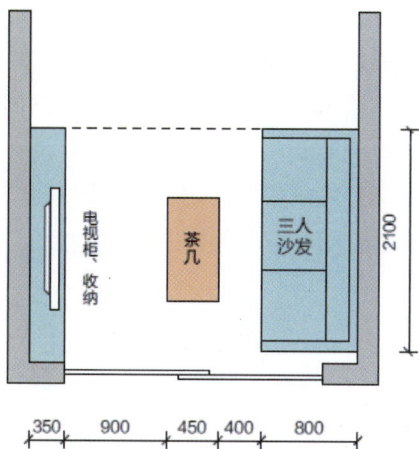

▲ 一字形布局茶几与沙发之间的最小间距为 400mm，此时刚刚够放脚，比较紧凑

（2）L形布局

L形布局也是客厅的常见布局之一，即三人沙发+单人沙发的布局，它可以满足4个人同时使用客厅。这样布局的沙发背景墙宽度最小为3000mm，这样才能勉强放下一个2100mm长的三人沙发和一个800mm的单人沙发。

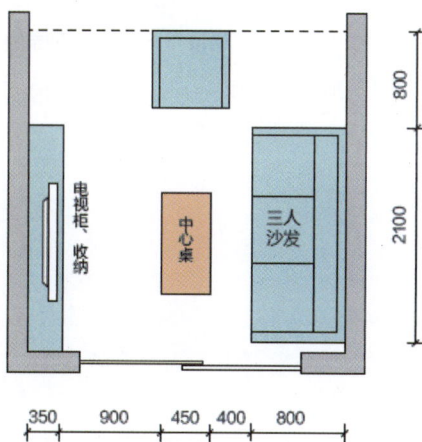

▲ L形布局

（3）面对面布局

面对面的布局非常适合常有客人拜访的家庭，这样的布局让大家可以面对面交流。这一布局需要有空间在茶几与电视柜之间加一组宽为600mm的单人沙发。

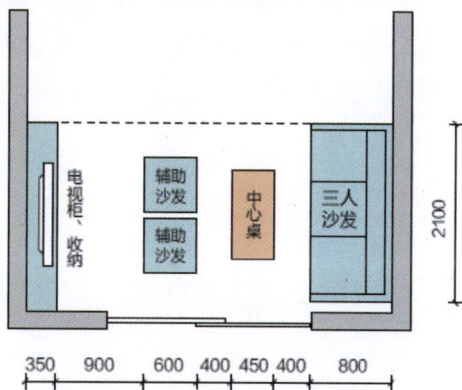

▲ 面对面布局中单人沙发与茶几之间留空至少 400mm，所以茶几到电视柜的最小距离不再是 900mm，而是 1900mm（900mm+600mm+400mm）

（4）横厅布局

当开间大于进深时，客厅为横厅布局。开间是指两个横墙之间的距离，即房子的主要采光面的距离；进深是指两个竖墙之间的距离，也就是前墙与后墙间的实际长度。横厅布局的客厅内常会融合其他空间功能，例如书房的功能。

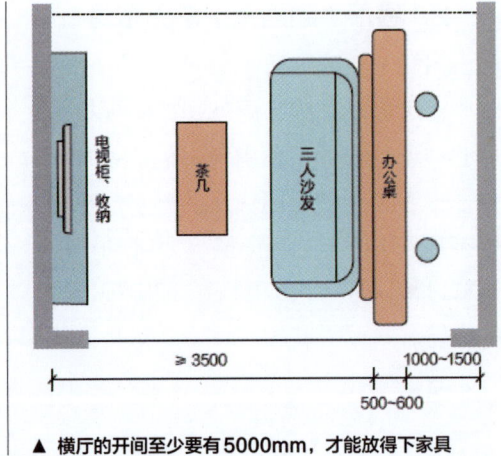

▲ 横厅的开间至少要有5000mm，才能放得下家具

3. 餐厅常见布局

（1）客餐厅一体式布局

餐厅有时候会与客厅相连，那么就会形成客餐厅一体式的布局。客餐厅一体式布局最需要注意的是餐椅周围的通道间距，如果餐椅后面需要过人，则至少要预留900mm的间距。

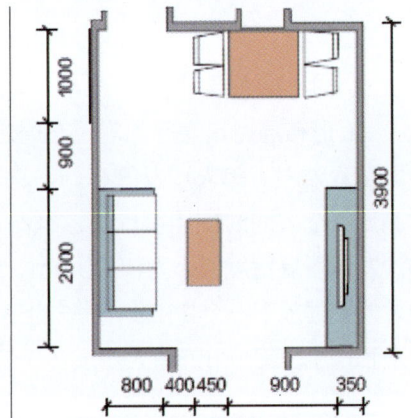

▲ 客餐厅一体式布局的餐桌也只能选择尺寸最小的1000mm×1000mm 的方形桌

（2）独立式布局

独立式餐厅一般而言比较适合面积较大的户型，因为需要给餐厅单独划出一块区域。独立式布局要注意餐椅到墙的距离最小为750mm，以保证人能正常入座。

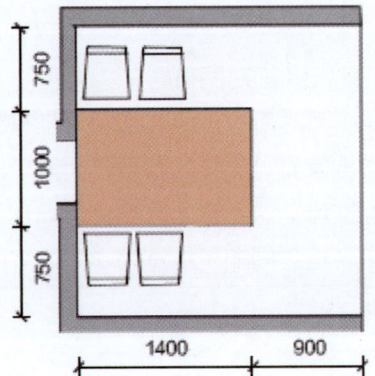

▲ 独立式布局

（3）餐厨一体布局

在空间有限的情况下，厨房常以开放的形式与餐厅共用一个空间。有时餐桌会放在厨房中央，那么四周就需要预留出足够的行动路线，确保人在厨房的活动能正常进行。

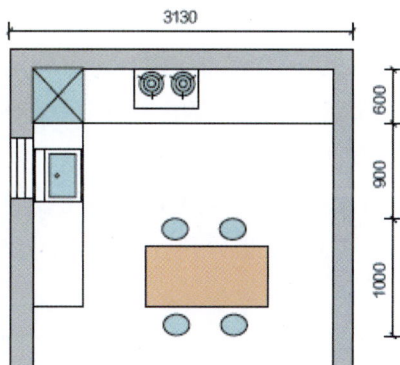

▲ 考虑到站在厨房台面前所需的宽度为450mm，餐椅的坐宽为 450mm，那么餐椅到厨房台面的距离最少要有900mm（450mm+450mm）

4．卧室常见布局

（1）床与衣柜平行布局

传统主卧布局中，衣柜一般放在床一侧，床与衣柜中间的距离最小为550mm，这是人通行最小的宽度，如果低于这个宽度，在衣柜前行走会很憋屈。

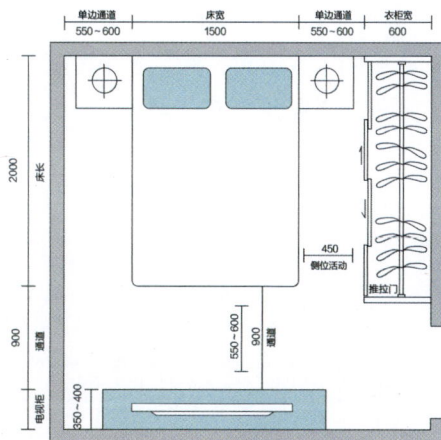

▲ 床与衣柜平行的布局中，床尾的行动距离要预留大一点，最小的距离为900mm

（2）衣柜位于床尾的布局

衣柜除了与床平行，还可以与床垂直。将衣柜放在床尾，不仅可以让床两侧的空间变得更宽敞，而且一般床尾的衣柜长度更长，收纳空间会更多。

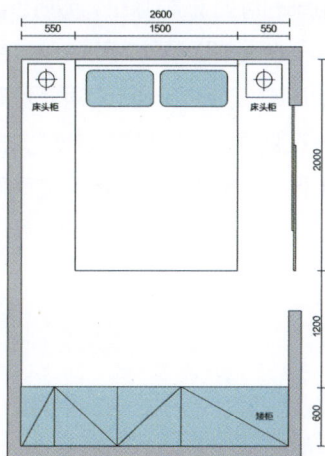

▲ 因为床尾衣柜前的空间与主卧的通道重合，所以应预留1200mm

（3）L形衣柜打造步入式衣帽间布局

如果卧室宽度足够，可以利用卧室的一面墙和L形衣柜围合出一个小衣帽间。小衣帽间的通道最小预留800mm即可。如果主卧里的主卫正对着床，也可以用这个方法将主卫与主卧分开。

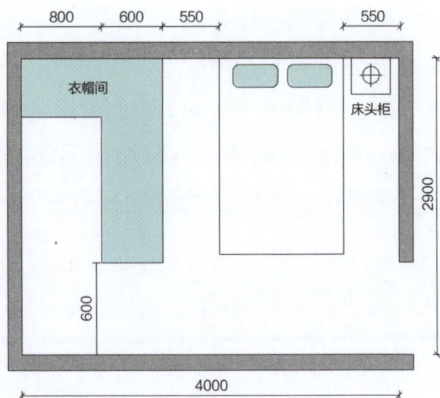

▲ L形衣柜打造步入式衣帽间布局

（4）U形衣柜打造步入式衣帽间布局

如果主卧的长度在4000mm以上，可以考虑在床一旁用U形衣柜围合出一个步入式的衣帽间。衣帽间衣柜的进深为600mm，衣帽间内的通行距离最少留800mm。

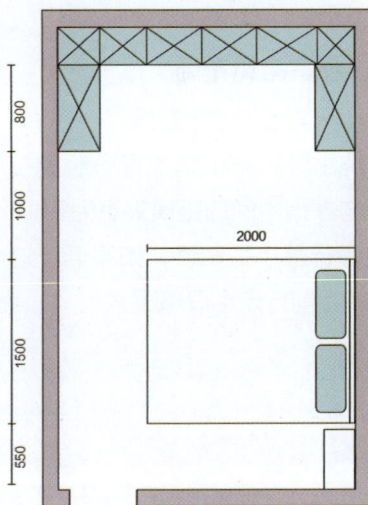

▲ U形衣柜打造步入式衣帽间布局

（5）带婴儿床的卧室布局

带婴儿床的卧室布局除了行动空间外，还需要在床一侧预留出至少550mm的间距来摆放婴儿床，方便父母起夜照顾孩子。衣柜可以放在床尾也可以放在床侧，放在床侧时要确保预留出至少550mm的间距。

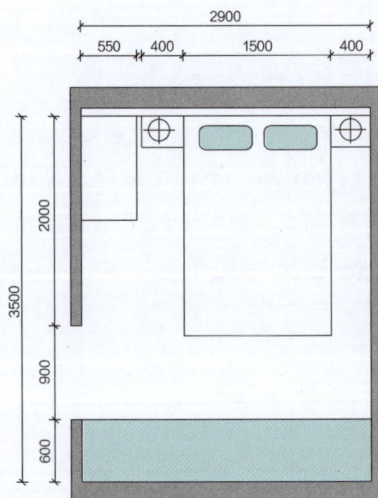

▲ 带婴儿床的卧室布局

5. 儿童房常见布局

（1）组合式榻榻米布局

6~12 岁的儿童已经步入学校了，房间不仅是休闲区，也是学习区，所以需要摆放书桌椅、书柜以及衣柜等家具。相比零散地摆放，不如使用组合式榻榻米，将所有家具一体化，以提高空间的利用率，留出更多的休闲区。

▲ 组合式榻榻米布局中，书桌椅的后面要预留出足够的通道距离，至少要有 900mm

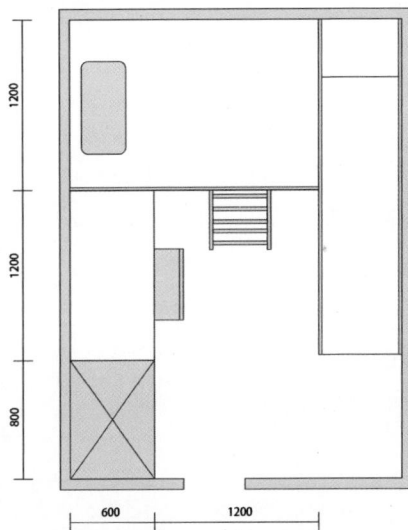

（2）上床下桌布局

如果房间小，但层高足够，可以设计成上床下桌的布局，以节省空间。儿童房中上下床多使用楼梯柜，而非直梯，这样会更安全，同时楼梯柜还能作为储物柜使用。要注意楼梯柜的宽度不能低于 600mm。

▲ 上床下桌的布局中，上床层高不能低于1200mm，下层层高不能低于1500mm

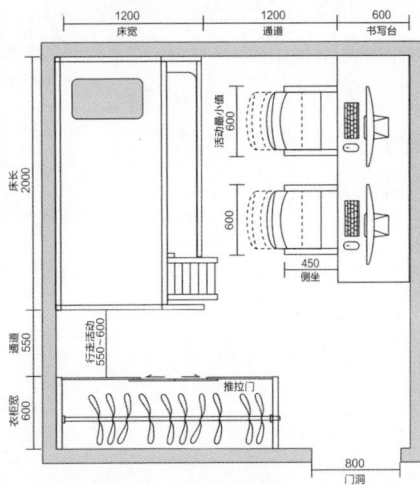

（3）二孩儿童房布局

二孩儿童房一般使用高低床，高低床比较适合房间较小的儿童房，但是考虑到要在房间放书桌和床，所以面积最小也要有 9㎡。

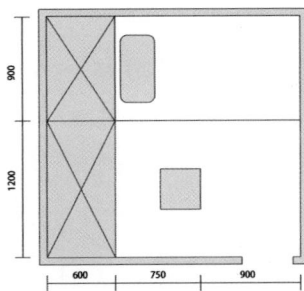

▲ 二孩儿童房布局使用高低床时，要注意室内净层高要有2400mm

31

6. 厨房常见布局

（1）一字形布局

一字形布局就是在厨房一侧布置灶台、水槽和橱柜等设备，整个厨房的动线呈一条直线，比较适合开间较窄的厨房。

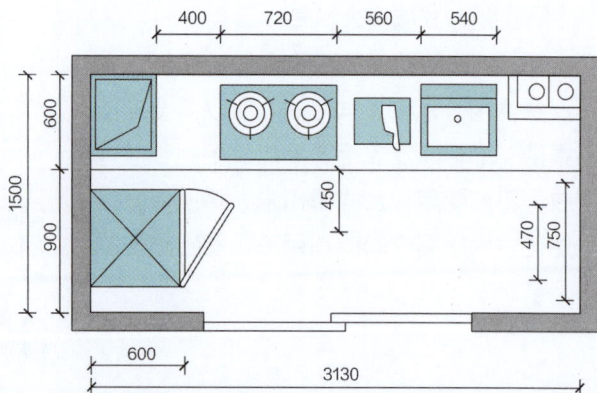

▲ 一字形布局的进深至少要有1500mm，宽度有3130mm，才能放得下基本设备并预留出最小通行距离（900mm）

（2）L 形布局

L 形布局比较适合狭长的长方形空间，一般会将灶台设置在短边，水槽和其他区域设置在长边，但具体布置位置主要看厨房的燃气管道、烟道和下水道的位置。

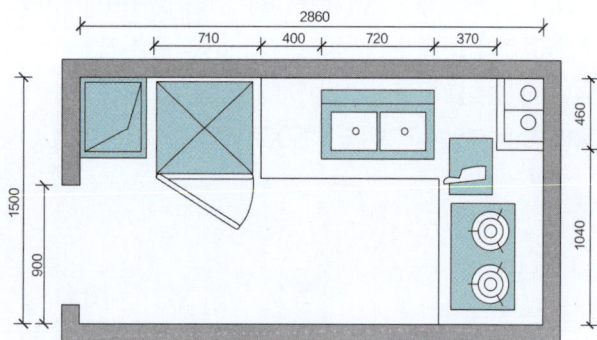

▲ L 形布局需要厨房进深在1500mm及以上，宽度在2860mm及以上

（3）二字形布局

二字形布局的厨房又叫通道式厨房。二字形布局会沿厨房两侧较长的墙平行布置橱柜，将水槽、灶台、操作台、配餐台、储藏柜、冰箱等设备根据需求设立在两边。

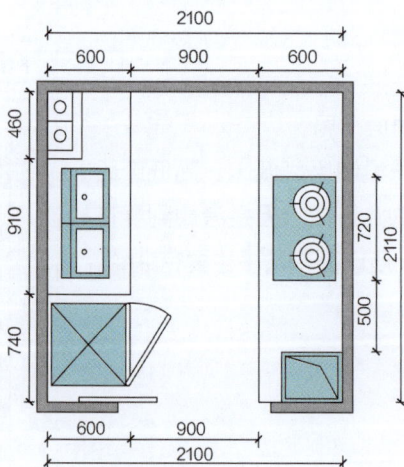

▲ 二字形布局的进深和宽度至少要在2100mm及以上，中间通道至少要预留出900mm的距离

（4）U形布局

U形布局就是将厨房三面墙都设置橱柜和设备，相互连贯。U形布局的操作台面长、储藏空间充足。橱柜围合而产生的空间可供使用者站立，左右转身灵活方便。

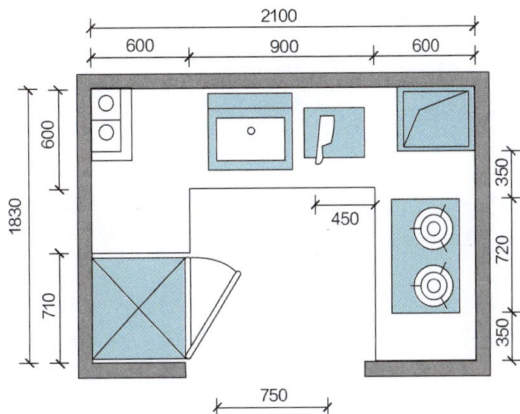

▲ U形布局中，厨房的宽度不能低于2100mm，这样才能保证通道至少有900mm的间距

（5）岛形布局

岛形布局并不是只有大户型才能拥有，开放式或半开放式的厨房都可以采用岛形布局。岛形布局的厨房不光储物空间多，而且还能根据需求改变区域的设置。

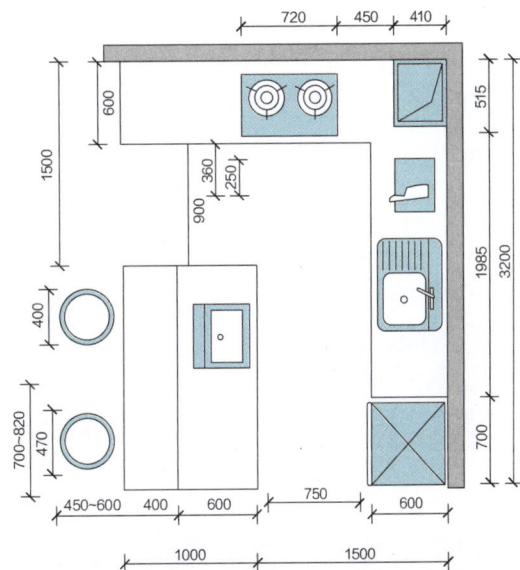

▲ 岛形布局中的中岛不光是备餐区，也可以是水槽区和灶台区

7. 卫生间常见布局

（1）一体式布局

一体式布局最小需要3.6㎡的空间，可以满足最基本的使用需求，整个布局是比较紧凑的。钻石形淋浴区的最小尺寸为900mm×900mm；洗脸区的最小长度为900mm，最小宽度为600mm；马桶区的最小长度为900mm，最小宽度为1300mm。

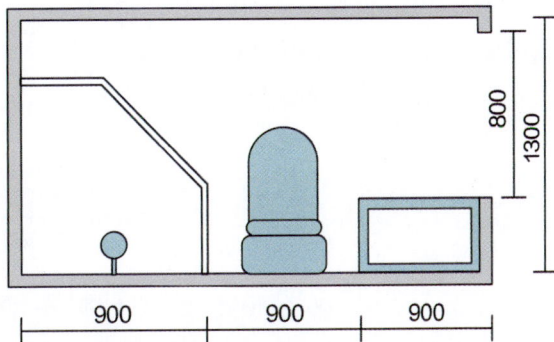

▲ 一体式布局

（2）干湿二分离布局

干湿二分离布局就是洗脸区与马桶区、淋浴区分离。给淋浴间安装玻璃屏隔离水汽，并不能叫分离，空间能独立使用才叫分离。最简单的分别方法，就是有墙的叫分离。此时洗脸区、马桶区和淋浴区的最小宽度均为900mm，洗脸区的最小进深为600mm，此时通道的距离至少为900mm。

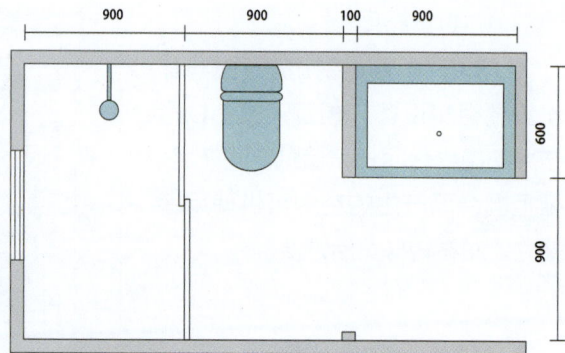

▲ 干湿二分离布局

（3）三件套三分离布局

如果卫生间接近方形，并且进深小于2000mm，那么只够放下基础的三件套，即马桶、洗脸台和淋浴间。此时洗脸区、马桶区和淋浴区的最小宽度均为900mm，洗脸区的最小进深为600mm，此时通道的距离至少为900mm。

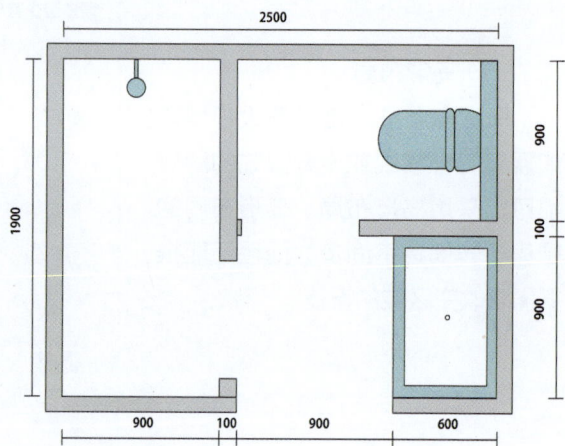

▲ 三件套三分离布局

（4）四件套三分离

如果卫生间接近方形，但进深大于等于2300mm，可以考虑再设计一个洗衣区，满足四件套标准。此时洗脸区、马桶区和淋浴区的最小宽度均为900mm，洗脸区的最小进深为600mm，此时通道的距离至少为900mm。

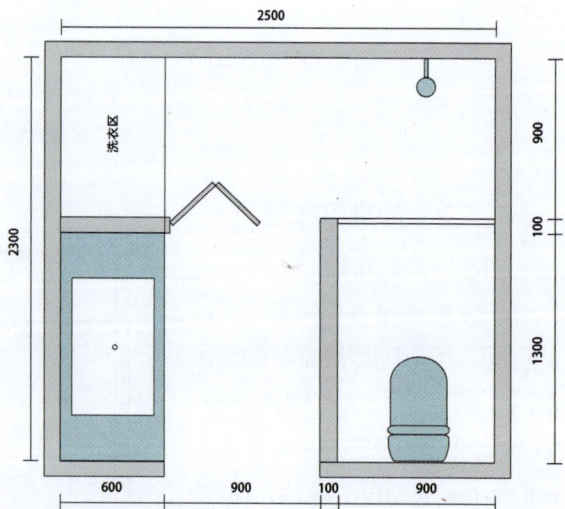

▲ 四件套三分离布局

学习任务小结 ▶

通过本节内容的学习，读者对常见的家具尺寸、住宅内人的活动尺寸以及居住空间内部的合理布置都有了更好的了解，对后续居住空间的设计有了更好的理论帮助。

课后拓展 ▶

1. 思考卧室如何摆放梳妆台。
2. 思考玄关如何设计、鞋柜如何设计，内部空间才会更合理，并给出自己的设计思路。

任务2.3 居住空间动线规划

学习任务导入 ▶

你知道什么是居住空间的动线吗？好的动线设计能够提高生活质量，节约时间；不合理的动线设计会造成居室面积的浪费及功能区域的混乱。

课前探讨

1. 扫描二维码，观察其中的两个缺陷户型，讨论一下怎样才能够通过动线的优化使得空间更为合理。
2. 交流讨论自己家中哪些动线让自己觉得不舒服，并尝试给出解决方法。

课前探讨

学习任务讲解 ▶

一、居住空间动线的含义与分类

动线，是指人们完成某一系列动作而走的路线，根据人的行为方式把一定的空间组织起来，通过动线设计分隔空间，从而达到划分不同功能区域的目的。常规的居住空间动线分为如下3种。

1. 居住动线

居住动线是动线中最重要的一条，科学的居住动线会直接影响家人居住的舒适度。居住动线涉及的功能区有餐厅、客厅、卧室、书房、卫生间。

2. 家务劳作动线

在动线中，家务劳作动线无疑是最烦琐的，主要包含烹饪、洗衣、打扫等的路线，所涉及的空间主要集中在厨房、卫生间等区域。在家务劳作中，动线如果很复杂，不仅耗时耗力，而且容易导致杂物堆积、不易整理。

3. 访客动线

访客动线主要指由入口进入客厅区域的行动路线。访客动线不应与居住动线和家务劳作动线交叉，以免在客人拜访的时候影响家人休息或工作。

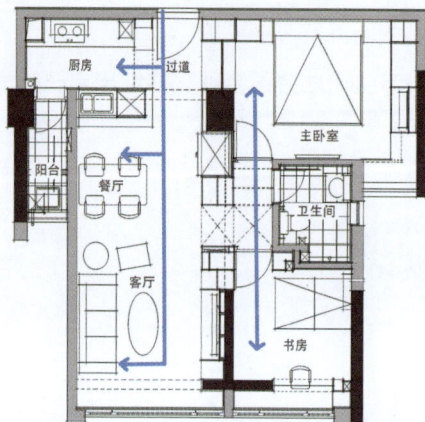

▲ 居住动线

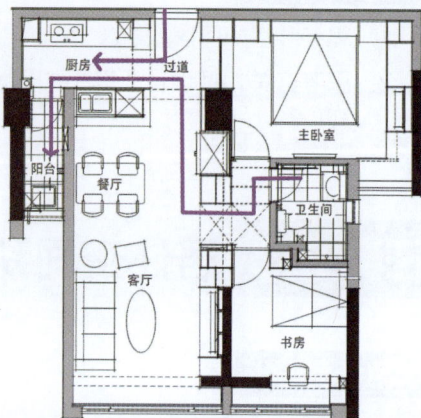

▲ 家务劳作动线

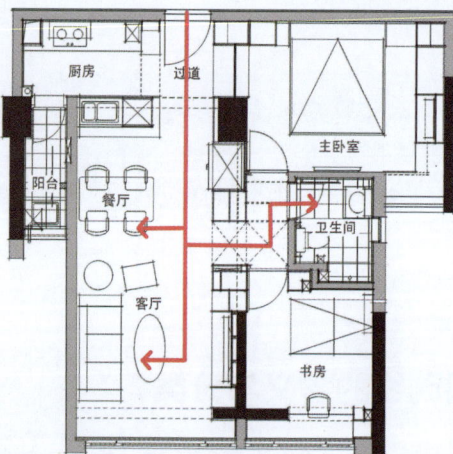

▲ 访客动线

二、什么是好的动线设计

1. 三条动线不交叉，相对独立

同一空间不同时间下的动线，在设计时注意不要交叉，避免相互打扰，如动静分区。动静分区户型是指动静分明、两者分离，这样既方便会客、娱乐或者家务的开展，也不会使得休息、学习受到过多打扰。

居住空间的动线优化

▲ 动静分区户型

2. 动线按工作流程设计，使用更舒适

以厨房中的家务劳作动线为例，根据人在空间里的工作流程，减少不必要的路线。设计时不仅包括位置上的安排，同时尺度上也需要根据人体工程学的尺度进行合理安排。

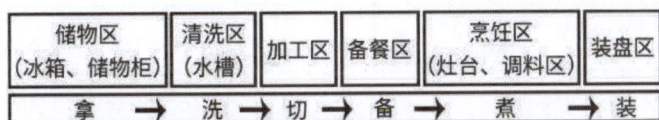

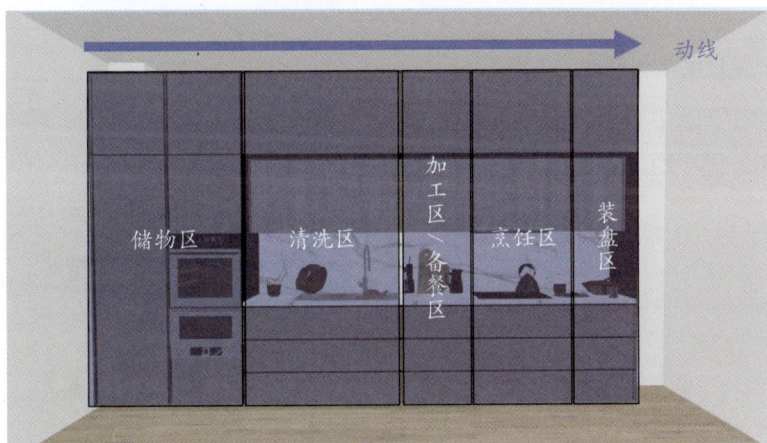

储物区 （冰箱、储物柜）	清洗区 （水槽）	加工区	备餐区	烹饪区 （灶台、调料区）	装盘区
拿 →	洗 →	切 →	备 →	煮 →	装

▲ 厨房中的家务劳作动线

3. 减少不合理动线，提高行动效率

不合理的动线好比是一棵树，如果你想从一根树枝去另一根树枝，就必须原路返回到主干再走。而合理的动线可以看作是蜘蛛网，四通八达，不用退回到主路就可以到达其他地方。判断一个空间的动线是否合理，可以先列出每天要做的事情，然后在平面布置图上标出路线。如果标出来的路线又长又复杂，那么代表动线规划出现问题了。

以卧室为例，每天要做的事情有：①起床—②洗漱—③护肤、化妆—④更衣。

有问题的动线	优化后的动线

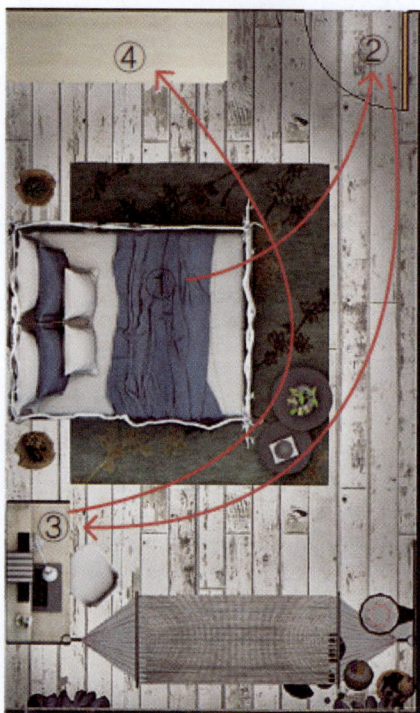

▲ 动线长又乱，早上起床浪费不少时间

▲ 把护肤、化妆的步骤转移到卫生间，合并②和③，就能省事不少

4. 户型的动线分析

请试着在下图中标出"主卧—主卫"和"厨房—公共区域"这两组动线，并分析存在什么问题？请小组共同探讨这个户型还存在什么问题？

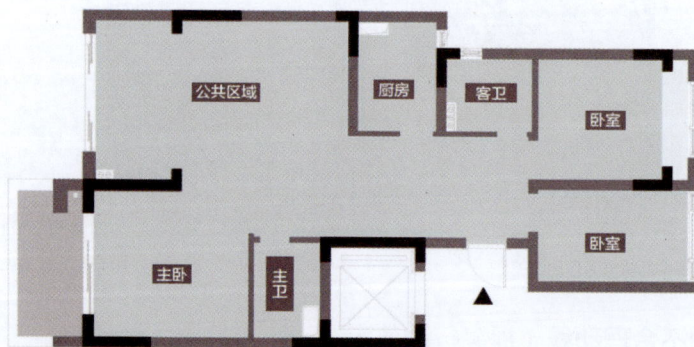

▲ 户型图

这一户型的动线存在如下问题。

① 公共区域与厨房之间加了隔墙，导致厨房面积比较小，而且上菜的动线比较长，上菜端碗都要绕一圈，不是很方便。

② 主卫的门正对着公共区域，缺乏私密性，并且从主卧到主卫的动线很别扭。

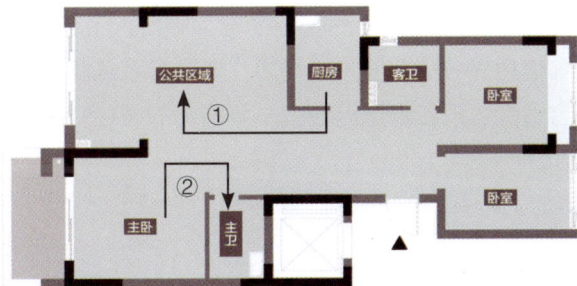

▲ 存在问题的动线

解决思路如下：拆除厨房的部分隔墙，借用部分公共区域的空间，打造出开放的一体式客餐厅，厨房—餐厅的动线又短又简单；同时改变主卫门的位置，既保护私密性，又让主卧—主卫的动线变得顺畅。

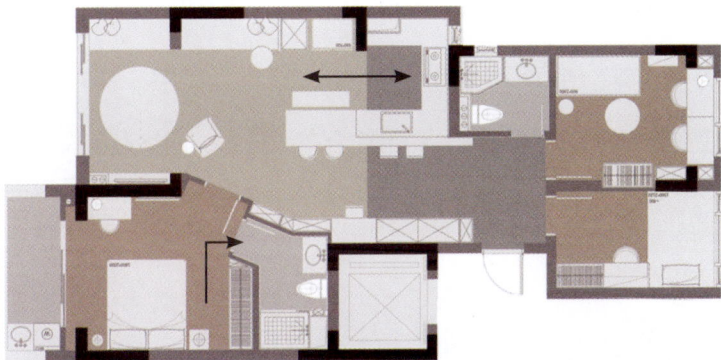

▲ 解决方案

学习任务小结

通过对本次任务的学习，读者对空间中什么是动线、动线有哪些分类有了初步了解，同时，知道了什么样的动线是好的动线。有了这些理论的支撑，将为后续空间布局设计、空间设计的优化奠定良好基础。

课后拓展

1. 阅读书籍《设计必修课：住宅空间布局与动线优化》。
2. 分小组分析居住空间中每一个子空间的动线。

任务2.4 智能居住空间设计

学习任务导入

畅想未来，智能家居将会成为生活的"标配"，让人们的生活更加便捷。未来智能居住空间中，可以通过各种传感器探测家中情况，结合人工智能，通过业主的行为、语言、体温、眼神等信息充分分析业主的需求，如影音系统能够分析业主的心情和娱乐需求，自动推荐合适的音乐和电影给业主。智能化的居住空间是不是非常神奇？那么这就是我们要学习的内容。

课前探讨

1. 讨论究竟什么是智能居住空间。
2. 学生交流讨论一整套智能空间系统应该是什么样的。

课前探讨

学习任务讲解 ▶

一、什么是智能居住空间

智能居住空间是以住宅为平台，利用综合布线技术、网络通信技术、安全防范技术、自动控制技术、音视频技术将家居生活有关的设施集成，构建高效的住宅设施与家庭日程事务的管理系统，提升家居安全性、便利性、舒适性、艺术性，并实现环保节能。

二、典型智能居住空间的系统解析

1. 智能安防系统

忙碌一天回家，智能门锁开启家门，我们再也不用担心随身没有带钥匙，家中的安防系统也会自动解除室内警戒。当我们离开家时，家庭智能终端会处于布防状态，如果有人从外部试图进入屋内，红外探头探测到有人走动就会触发报警装置，发出报警声。我们还可以通过网络远程监控打开录像，通过摄像头察看家中情况。智能家居还具有防灾报警功能，它可以通过连接烟雾探头、瓦斯探头和水浸探头，全天候24小时监控可能发生的火灾、煤气泄漏和溢水漏水情况，并在发生报警时联动关闭气阀、水阀，为我们的家构建坚实的安全屏障。

2. 智能灯光系统

回到家中，灯光缓缓点亮，还可以根据我们的需求进行灯光的调色和调亮、调暗。如果我们想倚在沙发上轻松地看电视，可以语音转换灯光为微弱的黄色暖光。另外还可以进行智能场景的灯光设置，如回家模式、离家模式、会客模式、就餐模式等，我们只需要通过手机对 App 进行预先设置，语音控制不同模式，智能灯光系统就能为我们提供不同的照明效果。

▲ 智能灯光系统可以根据需求和应用场景的不同改变灯光色彩和形式

3. 智能温控系统

家里的空调、地暖、新风系统可以根据我们的设置，在环境温度达到设定值时，自动开启或关闭相关设备。下班前在办公室通过计算机或App打开空调感应，在寒冷的冬天可远程开启地暖预热，不用在等待中煎熬。另外，智能温控系统还可以根据主人要求，智能净化室内环境。

4. 背景音乐系统

回家时，最喜欢的背景音乐轻轻响起，客厅、卧室、厨房或卫生间，都可以布上背景音乐线，独立控制每个空间的音源、调节音量大小。通过一个或多个音源，让业主在每个房间都能听到美妙的背景音乐，业主通过手机就可以搜索、播放、切换歌曲。

5. 智能窗帘系统

入睡前，一键就可以让所有的窗帘自动关闭或者设置成定时关闭；同样，以后每天早晨叫醒我们的可以不再是闹钟，而是清晨第一缕阳光。

6. 智能家电系统

通过手机远程控制家里的家电，回家前启动电饭煲，一到家就可以吃上香喷喷的米饭；启动洗衣机，回家就能晾晒衣服；启动空气净化器，回家就如同进入了森林般的天然氧吧。这一切的一切都是智能家电系统能做的事情。

7. 智能家庭影院系统

智能家庭影院系统中，使用家庭投影设备时，无须再自己调灯光、放幕布、调整投影机，只要在中央系统中选择电影模式，各设备将自动调整成理想状态，以达到方便观影的目的。

8. 智能环境监测与治理系统

它可以将人体无法感知的室内光照度、温度、湿度、粉尘浓度、甲醛浓度、一氧化碳浓度等数值反馈到智能系统，与智能家居设备智能联动，时时刻刻为我们营造一个健康、舒适、绿色的居家环境。

三、智能化在居住空间中的运用模式

智能化在居住空间中有各种运用模式，如回家模式、离家模式、睡眠模式等。

1. 回家模式

我们下班回家，打开门的那一刻，灯光自动亮起，客厅窗帘、摄像头也会自动关闭，然后语音助手会欢迎我们回家。要实现这个场景的话，需要在玄关区域适当的位置安装人体感应器和门窗传感器，光照传感器可以放在客厅也可以放在玄关，然后搭配智能网关，实现条件需要同时满足才能执行后面的操作。

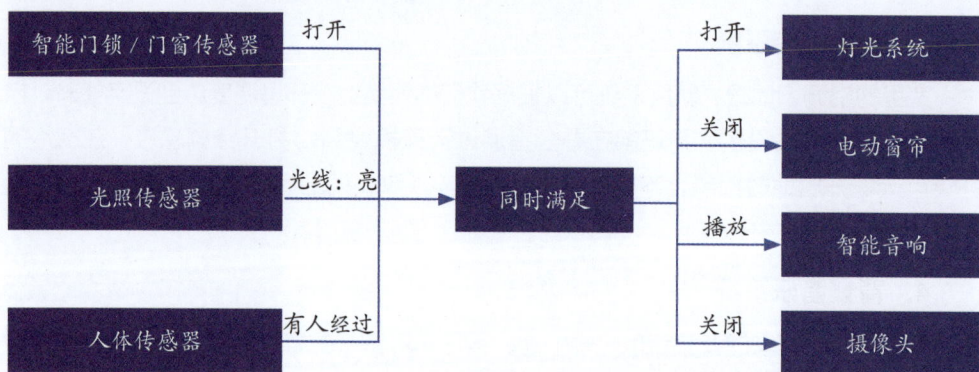

2. 离家模式

当我们出门的时候，家里的大部分电器都需要关闭，然后客厅的摄像头要打开进行安防监控，电动窗帘要打开让客厅晒一晒阳光，扫地机器人也可以进行清扫工作。

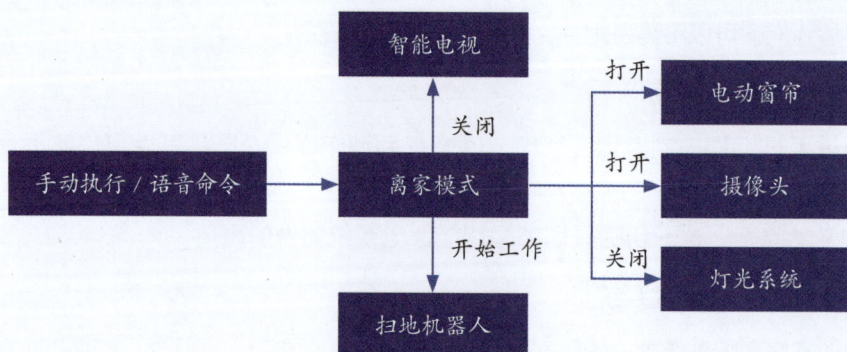

3. 睡眠模式

当我们睡觉的时候，需要关闭灯光，关闭电动窗帘，然后把空调设置为睡眠模式。

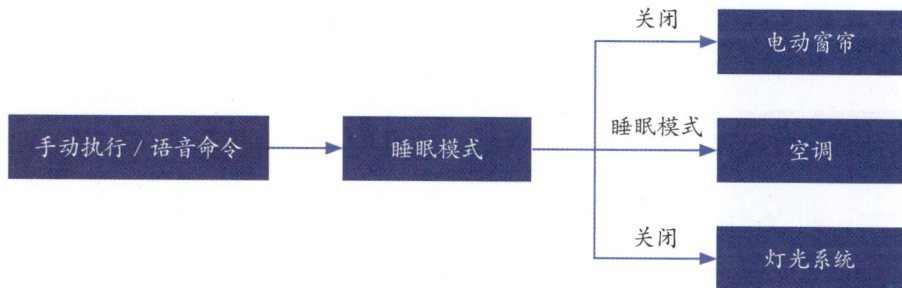

学习任务小结

本任务主要讲解了什么是智能居住空间、智能居住空间的系统解析以及智能化在居住空间中的运用模式。在我们做设计时运用智能化居住空间的思维，不仅符合未来居住空间的发展趋势，也能为人们提供更好的生活。

课后拓展

1. 了解智能居住空间的发展史。
2. 了解智能居住空间的安全性。
3. 了解智能居住空间的构建方式。

任务2.5 绿色居住空间设计

学习任务导入

环保、节能和可持续发展是近年来社会所广泛关注的重要话题，人们已经开始重视未来的可持续发展问题，开始大力倡导生存环境保护理念。在这种环保理念的大力推广下，"绿色"逐渐成为"生态"的代名词。

1. 你知道什么叫作绿色设计吗？
2. 你认为你所生活的居住空间中，哪些体现了绿色设计？

课前探讨

学习任务讲解

一、什么是绿色设计

就居住空间设计而言，绿色设计的含义就是合理地将有限的空间利用得更为高效。绿色设计不同于传统的设计，绿色设计理念在注重资源节约的同时还要确保设计的无公害、无污染。也就是说，在室内设计的过程中，要综合考虑其环境影响因素以及针对性的污染预防措施。

二、绿色居住空间的设计原则

绿色居住空间设计源于绿色设计，其核心是"5R"，即:Reduce（减耗）、Reuse（再利用）、Recycle（再循环）、Renew（再改造）、Revalue（再认识）。它遵循追求自然、以人为本的设计原则，与当今社会的可持续发展原则相一致。

1. 减耗原则

绿色居住空间设计中的减耗原则主要体现在：减少资源消耗、减少环境破坏、减少对人的不良影响这3个方面。设计师在做方案时，应该综合考虑各方面因素，尽可能地降低各部分资源消耗，比如，就地取材、加强管理、采用节能设备、尽可能采用可再生资源、坚持"少就是多"的设计原则等。

2. 再利用原则

绿色居住空间设计中的再利用原则，指的是重新利用一切可以利用的旧设备、旧家具、旧配件进行设计。设计师在设计时应该充分考虑对旧物的再利用，同时，在使用新材料、新设备时也需要从一开始就考虑到它们日后再利用的可能性。相对于建筑，居住空间环境的更新更快，保存的生命周期相对更短，维护与更新换代带来了资源的极大浪费，旧物再利用是缓解浪费的一个重要手段。

3. 再循环原则

绿色居住空间设计中的再循环原则，要求在设计作品完成它的使用功能之后还能通过回收重新变成可以再利用的资源，而不是不能再用的垃圾。循环利用可以节约大量资源，同时减少环境污染。建筑及居住空间在建造、使用和拆除的过程中可以提供大量可回收利用的资源，如果装饰材料供应商与销售商可以联手建立资源回收的运行机制，将回收来的资源通过精心设计进行再生产，将会大幅提高资源的再生率。

4. 再改造原则

如果可以充分利用现有的、质量较好的旧居住空间，通过更新与改造，使它焕发出新的生命力，那将会大大减少资源的消耗，保护环境的同时也保留了旧居住空间的风韵。

5. 再认识原则

在居住空间设计的艺术性、功能性、生态性之中，直观的艺术性更容易被关注，从而导致大量盲目跟风、互相攀比、材料堆砌等现象。当今居住空间设计界，这种趋势愈演愈烈，造成了惊人的环境破坏、资源浪费和文化污染。新时代的设计师，必须更新观念，从可持续的角度，对设计再思考、再认识，以认清设计的方向、找回设计的准确切入点。

三、绿色设计理念在居住空间设计中的应用

绿色设计理念主要强调设计的环保性、可持续性、功能性、人性化，以及对风格、品质、文化内涵的追求。绿色设计理念下的居住空间设计会让居住空间有良好的通风、最大限度的自然采光、赏心悦目的室内环境，在尽量不改变原始结构的情况下保证空气的流通性和充足的阳光。

1. 原生态材料的运用

原生态材料是环境友好型材料，在使用过程中不会对人类、社会和自然造成影响。在居住空间设计中，原生态材料不仅能满足人类所需的功能性，而且具有环保性与可持续发展性。在我们的日常生活中，很多原生态材料是非常常见的，例如天然石材和木材都属于原生态材料。

▲ 墙面石材

▲ 顶面木材

2. 绿色植物的融入

绿色设计理念下，绿色植物在居住空间中起到了很大的作用，它改善了我们的居住空间环境，降低了大气的污染，提高了人们的生活质量，满足了人们对绿色的向往，在居住空间中的这一点绿意，满足了人们些许的心理需求。

3. 绿色家具的使用

绿色家具是指在生产、使用和废弃的过程中，能够在保证其使用功能的情况下不对环境造成危害的家具。现在运用原生态材料来制造家具很常见，甚至有些是以自然物的原形加以艺术的处理手法直接制造成具有自然气息的绿色家具。在家具制造中运用较多的原生态材料有竹材、木材、藤等。

▲ 居住空间中大多是直线和棱角，显得有些冷漠，而植物的形态各异、色彩丰富，点缀在其中，能使居住空间更加富有灵动感

▲ 藤编家具

▲ 实木家具

▎学习任务小结 ▶

通过本节内容的学习，读者对绿色设计的含义、在居住空间中的设计原则和应用有了初步的了解。通过设计师的创造进行设计上的革新，使绿色设计思想渗透到居住空间设计中，遵循可持续发展的设计理念，向大众消费者提供绿色设计方法，这是居住空间设计未来发展的必然趋势。

▎课后拓展 ▶

1. 分小组寻找融入绿色设计的居住空间案例，分析其设计点。
2. 尝试分析找到的案例中应用绿色设计的优缺点。

任务2.6 居住空间创意设计

▎学习任务导入 ▶

在居住空间设计中，创意空间规划是不可或缺的环节。它不仅仅是为了实现房屋的实用性和功能性，更重要的是激发人们的创造力和想象力，打造一个独特而舒适的居住环境。

课前探讨

1. 小组之间分享自己查找到的创意设计案例，并讨论案例中应用的巧妙的创意手法。
2. 说一说在生活中有哪些创意设计？

学习任务讲解 ▶

一、为什么要对居住空间进行创意设计

1. 创意性巧妙解决居住空间存在的疑难杂症

由于居住空间本身有私密性的特点，合理的居住空间环境应该为每个家庭成员提供一个只属于自己的私人空间，这是个人成长与人格完善的重要条件，也是评价健康住宅的一项重要标准。然而，由于经济条件的限制，多数人只能购买面积较小的住宅。因此，更有必要进行空间创新。

如果现在的家庭成员较多，但未来小孩长大成人、各自嫁娶后会搬离，则可将房间数减少，让房间变大，住起来会更舒适。

五房变三房

三房变四房

如果是三口之家，未来人口也许会增加，因此预留未来增加房间的动线，不必搬家就可轻松地增加房间数量。

▲ 创意性巧妙解决居住空间存在的疑难杂症

2．创意是打破常规的方式

在现阶段，很多新材料、新工艺的应用及新设计手法都是为了改变传统设计中的不足，打破常规的新思路都是非常有创意的。

二、居住空间的创意从何而来

1．广泛阅读、认真体验生活以拓宽视野

除了要了解居住空间相关的专业知识，还要从书籍、杂志、影视、各大设计网站、各种展览与会展中了解最前沿的行业动态。

▲ 居住空间设计相关的杂志、影视与展览

2．记录收藏，建立案例库，思考分析

在拓宽视野的同时，还需要思考，对居住空间设计作品深度分析，找到其本质的设

计思考路径。通过长期的积累，建立案例库，找到解决问题的思路和方法。

▲ 学生作品

3. 打破常规，寻找解决设计问题的新思路

遇见我们看似平常的设计，要多思考，通过打破常规的方法，满足客户的需求，寻找解决设计问题的新思路。

例如，传统的动线都是直来直往的，很多时候从一个房间到另一个房间只有一条路线，而在 1925 年，建筑师柯布西耶将原本用在庭院设计中的洄游动线运用到为母亲设计的小屋中，他用洄游动线将所有的空间串联起来。从功能上来看，这样的设置非常方便，炖煮食物的同时可以洗衣服，而洗完的衣服可以就近在露台上晾晒，干了马上收进旁边的衣帽间，动作一气呵成。此外，小屋虽然只有 60 ㎡，但在里面走动的时候，通过一系列明暗和宽窄的对比，体验下来，竟然觉得这个房子宽敞无比。采用洄游动线更加合理地布局空间，同时借助前后空间的对比，可以让小住宅"变大"。

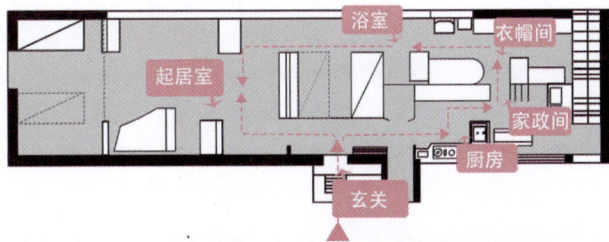

▲ 柯布西耶为母亲设计的小屋

学习任务小结

居住空间的创意是居住空间的点睛之笔，创意性思维可以解决空间中存在的疑难杂症，为突破居住空间设计中的难点打下基础。

课后拓展

小组合作搜集不同的居住空间设计作品，建立案例库，分析其中的设计创意，并分享案例心得。

思考与实训

任务书

客户情况：一家三口，男主人35岁，职业为程序员；女主人30岁，职业为幼儿园教师；家里还有一个3岁的女宝宝。

客户需求与特点：有独立的书房，男主人爱好篮球，女主人喜爱书法。

设计要求：满足基本的功能需求，尺度合适、动线合理、注意绿色设计。

原始框架图如下：

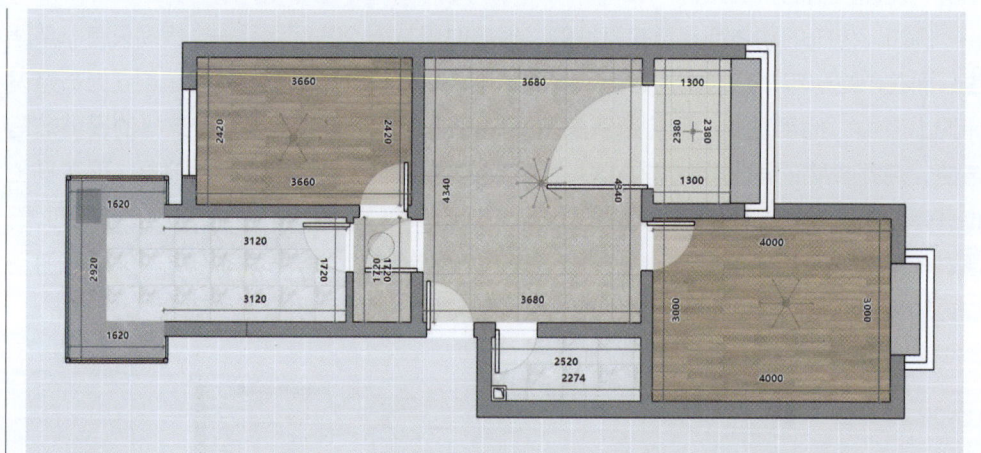

▲ 原始框架图

任务要求：请完成此户型的空间布局设计。

模块3 掌握居住空间设计方法

任务说明   通过本模块的学习，能根据居住空间设计的设计方法和技巧，运用风格、界面、色彩、材料、照明等设计元素，完成居住空间的整体设计方案

知识目标   1. 了解居住空间的风格流派

               2. 熟悉居住空间的空间组织和界面处理

               3. 熟悉居住空间的色彩搭配

               4. 熟悉空间材料的分类与选择方法

               5. 熟悉空间的照明配置

               6. 熟悉空间家具及陈设的设计

能力目标   在不同空间设计中把握空间组织、界面设计、色彩搭配、照明设计和陈设布置等系列设计手法，根据居住者需求进行方案设计

素质目标   1. 培养自主学习和终身学习能力

               2. 培养审美鉴赏能力

               3. 培养敏锐的洞察能力

评价标准   1. 专业知识掌握程度占40%

               2. 实际应用能力占40%

               3. 职业素养及态度表现占20%

任务3.1 居住空间风格设计

学习任务导入

　　居住空间设计的风格非常多，每种风格都与各地的环境、历史、人文、生活方式、理念等息息相关，每个国家及地区的居住空间都有着不同的特点，风格也大相径庭。

课前探讨

1. 学生扫描二维码查看图片，并分组讨论，从图片中看到了哪些家装风格？
2. 这些家装风格中，看到了哪些比较具有代表性的装饰元素？

课前探讨

学习任务讲解

一、新中式风格

1. 新中式风格的起源

　　20 世纪末，随着中国经济的不断复苏，在建筑界涌现出了各种设计理念。随后国学的兴起，也使得国人开始用中国文化的角度审视周边的事物，随之兴起的新中式风格也被众多的设计师融入其设计理念。新中式风格不是纯粹的元素堆砌，而是基于对传统文化的认识，将现代元素和传统元素结合在一起，以现代人的审美需求来打造富有传统韵味的事物，让传统在当今社会得到合适的体现。

新中式风格

2. 新中式风格的设计理念

　　新中式风格在设计上继承唐、明、清时期家具理念的精华，在对经典古典元素提炼的基础上加入了现代设计元素，摆脱了原来复杂烦琐的设计在功能上的缺陷，力求表现中式的简洁质朴。同时结合各种前卫的、现代的元素进行设计，令严肃、沉闷的中式古典风格变得更加赏心悦目；局部设计采用纯中式处理，整体设计比较简洁、选材广泛、搭配时尚。新中式风格的效果比纯中式古典风格更加清爽、休闲，既彰显文化底蕴，又有现代温馨舒适的气息。

3. 新中式风格特征

（1）配色

　　新中式风格是对中式古典风格的提炼，将其精粹与现代手法结合。新中式风格的配色设计有两种形式:一种是以黑、白、灰色为基调,搭配米色或棕色系作为点缀,效果较朴素;另一种是在黑、白、灰的基础上以皇家住宅色彩代表的红、黄、蓝、绿等作为点缀色彩,此种方式对比强烈,效果华美、尊贵。

▲ 无色系同类配色是一种兼具时尚感及古典韵味的新中式配色方式

▲ 无色系与红色搭配最具中式古典韵味的新中式配色,具有高贵感

（2）造型与图案

新中式风格在造型、图案的设计上以内敛沉稳的中国元素为出发点,展现出既能体现中国传统神韵,又具备现代感的新设计、新理念。空间装饰多采用简洁、硬朗的直线,搭配梅兰竹菊图、花鸟图等,彰显文雅气氛。

▲ 新中式风格常用简洁硬朗的直线设计,以表现东方文化的内敛气质

▲ 梅兰竹菊图用于新中式的居住空间是一种隐喻,借用植物的某些生态特征,赞颂人类崇高的情操和品行

（3）软、硬装材料

新中式风格的主材往往取材于自然,如木材、石材等。但也不必拘泥于此,只要熟知材料的特点,就能够在适当的地方用适当的材料,即使是玻璃、金属、中式花纹布料等,一样可以展现新中式风格的韵味。

▲ 新中式居住空间中的石材选择没有什么限制，各种花色均可以使用，浅色温馨大气一些，深色则古典韵味浓郁，但最好纹理清晰，与实木线条搭配，能彰显韵味

▲ 新中式风格所用的实木一般不用雕刻复杂花纹，而是以展现线条美为主，与浅色的墙面形成鲜明的对比，增强空间的纵深感

（4）家具

新中式风格的居住空间中，庄重繁复的明清家具的使用率减少，取而代之的是线条简单的新中式家具，其融入了现代元素，使得家具线条更加圆润流畅，体现了新中式风格既遵循传统美感，又加入现代生活简洁理念的特点。新中式家具以文化的韵味、混搭的材质、人性化的功能和设计，成为三代同堂家庭的共同选择。

▲ 线条简练的沙发搭配实木茶几，显示出新中式风格的舒适性与实用性

▲ 圈椅是新中式居住空间中常见的家具，其简练带有弧度的线条给直线为主的居住空间带来了点睛作用，使整体居住空间环境不显单调

◀ 新中式的博古架没有传统中式的繁复雕花造型，更具线条感，使具有传统韵味的博古架更具现代时尚感

（5）常见装饰品

新中式风格在装饰品选择上，与古典中式的选择差异性不大，只是更加广泛。如以

鸟笼、根雕、青花瓷等为主题的饰品，会给新中式风格的居住空间带来休闲、雅致的古典韵味。另外，中式花艺源远流长，可以作为居住空间中的点睛装饰，可以用松、竹、梅花、菊花、牡丹等带有中式特点的植物，来创造富有中式文化意韵的家居环境。

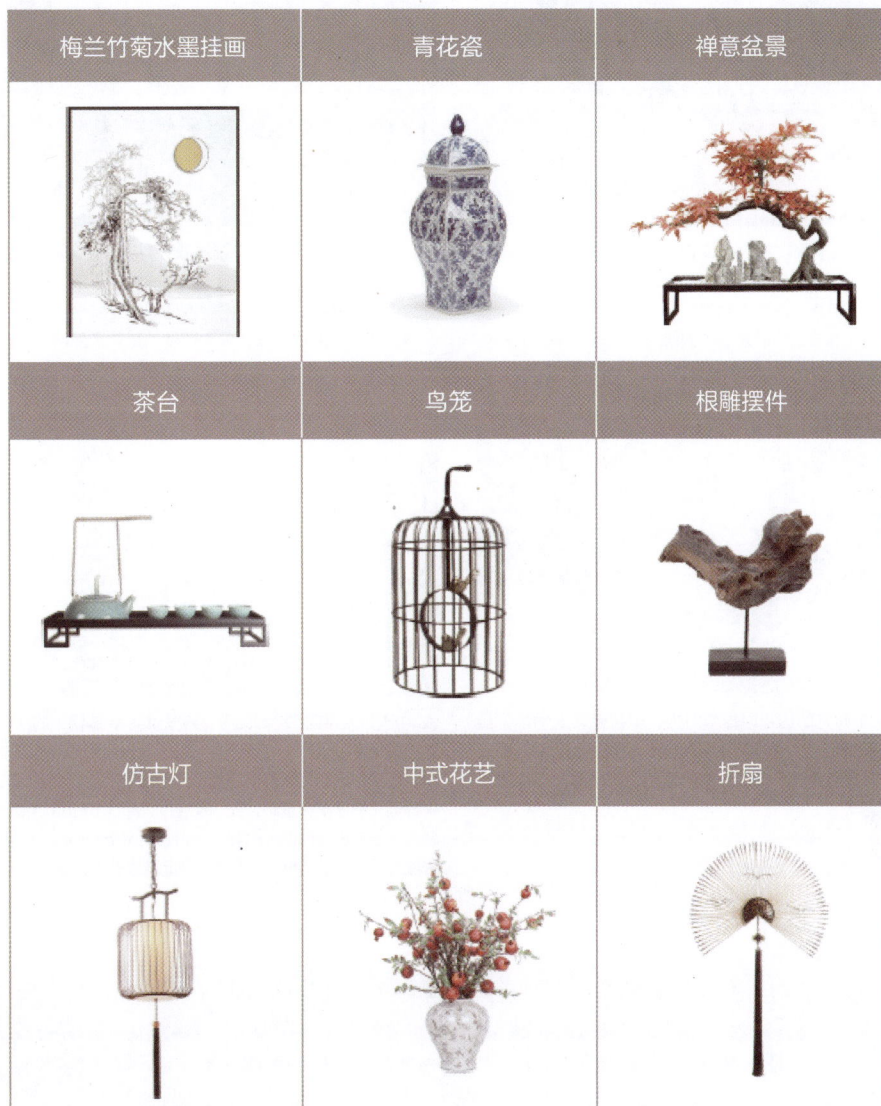

梅兰竹菊水墨挂画	青花瓷	禅意盆景
茶台	鸟笼	根雕摆件
仿古灯	中式花艺	折扇

▲ 新中式风格居住空间的常见装饰品

4. 新中式风格案例赏析

本案例以新中式风格为主，整个居住空间的主色调是低调但又充满着禅意的烟灰色，以低饱和度的红色和金色作点缀，使空间更有质感和层次感。硬装选材方面，以天然材料为主展现风格的悠然、自然之感，保留了材质原始的色彩与纹路，传达着传统的历史痕迹与浑厚的文化底蕴，同时以简化的中式造型与纹饰点缀，展现出新中式风格的细节美感。

设计公司：零次方空间设计

▲ 沙发背景墙以灰色装饰板与中式雕花墙板为基础，装裱精美的古典卷轴画为墙面装饰；沙发茶几的样式简单、线条平直，蕴含现代美；水纹靠枕、对狮摆件、禅意花艺从细节之中散发着古典腔调，表现出中式风格的传统意蕴

▲ 温润质感的大理石、精巧的对称花纹、沁雅自然的色彩，电视背景墙的设计展现出独到的设计手法。青古铜雕刻拉手使原本平淡无奇的电视柜变得中式感十足，实木花几丰富了空间的层次感，白瓷孤枝的花艺搭配带来清雅高洁的韵味

▲ 主卧布艺的选择以棉麻为主，但在色彩上增加了砖红色和灰蓝色，加入灰调的红色和蓝色显得大气而古朴，即使没有过多中式元素的铺垫，依旧散发着隐隐的古典韵味

▲ 中国古人讲究"席地而坐，分案而食"，飘窗上的茶座设计将传承中华几千年的文化结晶，合理运用在现代居室之中，传统中式的韵味油然而生。将圈椅与坐墩结合，既能坐得舒适又能显出传统感；实木茶案以简单样式的桌旗和绿植装饰，营造出悠然清远的意境；布艺窗帘上的砖红色，不仅形成对称的效果，也为灰色调的空间增添高雅韵味

AIGC 案例

AIGC 在新中式风格居住空间设计中的应用主要体现在对传统元素的现代诠释上。通过 AI 算法，设计师能够快速生成融合传统与现代元素的设计方案，如利用 AI 绘图工具生成具有中式韵味的图案和纹理，用于墙面、家具或装饰品上，使新中式风格的空间更加生动、和谐。扫描二维码，可以看到使用通义万相、文心一格等 AIGC 平台生成的新中式风格居住空间方案图，以及对应的指令文字。

新中式风格案例

二、简欧风格

1. 简欧风格的起源

　　生活在繁杂多变的现代世界里，人们向往简单、自然却能让人身心舒畅的生活空间。纯正的古典欧式居住空间设计风格适用于大户型

简约欧式风格

与大空间，在中等或较小的空间里就容易给人造成一种压抑的感觉，于是设计师们便利用居住空间的解构和重组，将古典欧式风格加以简约化、质朴化，打造一个看上去明朗、宽敞、舒适的家，来消除业主工作的疲惫，使其忘却都市的喧闹，让业主于简约空间中也能感觉到欧式的宁静和安逸。

2. 简欧风格的设计理念

简欧风格是经过改良的古典欧式风格，高雅而和谐是其特点。在家具的选择上，简欧风格既保留了传统材质和色彩的大致样貌，又摒弃了过于复杂的肌理和装饰，简化了线条。简欧风格从整体到局部精雕细琢，给人一丝不苟的印象。

3. 简欧风格特征

（1）配色

简欧风格是将现代材料及工艺与古典欧式风格结合，仍然传承古典欧式的浪漫、休闲、华丽、大气的氛围，但更清新、内敛。简欧风格的配色高雅而唯美，多以淡雅的色彩为主，白、象牙白、米黄、淡蓝等是比较常见的主色，浅色为主深色为辅的搭配方式最常用。

▲ 用白色或象牙白色做底色，再糅合一些金属色、米黄色、灰蓝色等淡雅色彩作点缀，力求呈现一种开放、宽容的特征

（2）造型与图案

古典欧式风格的花饰、造型繁多，而简欧风格则以简洁的线条代替复杂的花纹，如墙面、顶面采用简洁的装饰线条构建层次。软装则加入大面积欧式花纹、大马士革图案等为空间增添欧式风情。

▲ 装饰线条搭配浊色调乳胶漆修饰墙面，简约却不失欧式风情

▲ 墙面采用装饰线条搭配银灰色的欧式花纹壁纸和护墙板，极具欧式氛围

（3）软、硬装材料

简欧风格的硬装充分利用现代工艺，使玻璃、铁制品、石材、瓷砖、陶艺制品、欧式花纹壁纸等综合运用于居住空间内；欧式的铁制品给人的印象非常深刻，通常以金属色传达出一种复古、怀旧的风味。

▲ 整体的简欧风格设计以经典象牙白为主，以镜面为点缀，清新生动，相得益彰

（4）家具

简欧风格的家具一般会选择简洁化的造型，减少了古典气质，增添了现代情怀，充分在居住空间中创造时尚与典雅并存的气息。简欧风格的家具主要强调力度、变化和动感，沙发华丽的布面与精致的描金互相配合，以高贵的造型与地面铺饰融为一体。

▲ 简欧风格中往往会采用线条简化的复古家具。这种家具虽然摒弃了古典欧式家具的繁复，但在细节处还是会体现出西方文化的特色，多见精致的曲线或图案，使居住空间优雅与时尚共存，适合当代人的生活理念

▲ 黑色漆地或红色漆地与金色／银色的花纹相衬托，具有异常纤秀典雅的风格，是简欧风格家具中经常用到的风格类型，着力塑造出尊贵又不失高雅的居家情调

（5）常见装饰品

简欧风格注重装饰效果，用室内陈设品来增强历史文脉特色，往往会照搬古典设施、家具及陈设品来烘托室内环境气氛。同时，简欧风格的装饰品讲求艺术化、精致

感，如金边欧风茶具、金银箔器皿、玻璃饰品等都是很好的点缀物品。简欧风格装饰品如表3-1所示。

表3-1 简欧风格装饰品

装饰品名称	特点	图片
天鹅装饰品	• 在简欧风格的居住空间中，天鹅装饰品是经常出现的装饰物，这不仅因为天鹅是欧洲人非常喜爱的一种动物，而且其优雅曼妙的体态与简欧风格追求优雅、浪漫的情调相符 • 天鹅装饰品可摆放在客厅茶几或卧室床头柜上，彰显独特的浪漫格调	
油画作品	• 油画是欧式居住空间经常用到的装饰品，但简欧风格的油画和欧式古典有些不同，边框不会做得非常烦琐，通常会做简单的描金处理 • 简欧风格的油画相对来说优雅、精致，可悬挂在玄关墙面、沙发背景墙、床头背景墙等地方	
欧式茶具	• 欧式茶具不同于中式茶具的素雅、质朴，而呈现出华丽、圆润的体态，通常带有描金处理，用于简欧风格的居住空间中，可以提升空间的美感 • 一般摆放在客厅的茶几上，闲暇时光还可以用其喝一杯香浓的下午茶，可谓将实用性与装饰性结合得恰到好处	
星芒装饰镜	• 星芒装饰镜不仅有镜面扩大空间感的效果，而且金色的边框极具装饰作用，与简欧风格的居住空间非常匹配 • 一般悬挂在沙发背景墙的中央或一进门的玄关墙面上	

4. 简欧风格案例赏析

本案例以简欧风格为主，整个空间弥漫着奢华与浪漫的气氛，硬朗的材质、明快的色彩、柔美的家具、雅致的配饰，赋予空间素净、明亮的神采。空间保留了材质原本的特点，摒弃了过于复杂的肌理和装饰，简化了线条。组合家具的颜色选用黑色与描金结合，仿佛为业主编织了一个明快美丽的梦想。在整个空间里，在墙上挂金属框油画和星芒装饰镜，以营造浓郁的艺术氛围，体现业主的文化素养。

设计公司：禅韵空间设计

▲ 客厅运用紫色与米色、灰色的搭配，展现出精致、优雅的气氛。带流苏的沙发散发着温柔的气息，平衡了金属灯具带来的冷硬感

▲ 餐厅与客厅一体，所以在用色上延续了客厅的配色。简化的欧式家具显得简约、精致，金色与黑色的组合不显沉闷，反而略带现代感

▲ 主卧使用白色软包床搭配紫色床品，呈现出浪漫、优雅的氛围，缎面台灯、石膏线背景墙以对称的形式出现，展现出欧式格调

▲ 儿童房的整体氛围非常温馨可爱，大面积的粉色带来了甜美的印象，而铁艺床造型可爱，让卧室变得更有童趣

AIGC 案例

简欧风格注重简约与优雅的平衡。AIGC 技术可以帮助设计师快速生成符合简欧风格的配色方案和空间布局，使空间显得既简洁又不失高贵。扫描二维码，可以看到使用通义万相 AIGC 平台生成的简欧风格居住空间方案图，以及对应的指令文字。

简欧风格案例

三、现代风格

1. 现代风格的起源

随着 19 世纪末工业革命的成功，宣告了农业社会的结束与工业社会的开启，艺术领域所受到的冲击超过了以往任何一个时期。从那以后，新兴的艺术流派层出不穷，但是没有一个现代艺术流派在实质上超过了抽象主义对现代建筑与室内艺术的贡献。1919 年，包豪斯学派成立，第一批教师当中就有抽象主义的开山鼻祖瓦西里·康定斯基和保罗·克利等人。抽象艺术因此成了现代风格的指导方针和精神源泉。

现代简约风格

2. 现代风格的设计理念

现代风格设计是以德国包豪斯学派为代表的设计。该学派在当时的历史背景下，强调突破旧的传统，创造新的建筑，并反对多余的装饰，崇尚合理的构成工艺，尊重材料的性能，重视建筑结构自身的形式美。在包豪斯的影响下，当时的欧洲形成了造型简洁、功能合理、布局以不对称的几何形态为特点的建筑设计风格，并波及到了居住空间设计领域。

3. 现代风格特征

（1）配色

现代风格个性张扬、凸显自我，色彩设计极其大胆，探求鲜明的效果反差，具有浓郁的艺术感。现代风格显著的特点是注意色彩对比，以及注重材料类别和质地。现代风格的色彩搭配形式可以总结为两类：一类以无色系中的黑、白、灰为主色，无色系主色色彩至少要出现两种；另一类是具有对比效果的有彩色。

▲ 用黑、白、灰中的2种颜色或3种颜色组合，作为空间的全部色彩。也可加入1~2种低彩度彩色，例如深棕色

▲ 喜欢华丽、另类的活泼感的话，可采用强烈的对比色，如红绿、蓝黄等配色，再用无彩色调节

（2）造型与图案

现代风格的造型、图案多以点、线、面的几何抽象艺术代替繁复的造型。现代风格的空间造型常被分解成直线、方形或弧形。空间的材质与色彩化身为形态各异的块面，点缀其间，置身其中，如同在欣赏一幅幅几何抽象绘画作品，同时，这些块面也彰显出了刚劲、严谨、简洁和理性的现代气质。

◄ 现代风格的居住空间中，除了横平竖直的方正空间外，还会加入直线形、圆形、弧形等几何结构，令整体空间充满造型感和无限的张力，同时也体现了现代风格创新、个性的理念

▲ 点线面的组合在现代风格的居住空间中运用十分广泛。它不仅体现在平面构成里，也体现在立体构成和色彩构成中

（3）软、硬装材料

现代风格的居住空间在选材上不再局限于石材、木材、面砖等天然材料，一般喜欢使用新型的材料（尤其是不锈钢、铝塑板或合金材料）作为室内装饰及家具设计的主要材料；也可以选择玻璃、塑胶、强化纤维等高科技材质，来表现现代、时尚的家居氛围。

◄ 不锈钢不仅是一种新颖的具有很高观赏价值的装饰材料，而且由于其镜面反射的作用，可取得与周围环境中的各种色彩、景物交相辉映的效果；在灯光的配合下，还可形成晶莹明亮的高光部分，对环境起到强化和烘托的作用。不锈钢可广泛运用在小面积的墙面、家具及装饰品中

61

▲ 玻璃饰材的出现，让人在空灵、明朗、透彻中丰富了对现代风格的视觉理解。同时，它作为一种装饰效果突出的饰材，可以塑造空间之间的丰富关系

▲ 现代风格的居住空间追求简约大气感，搭配无色系的大理石，尽显独特魅力。大理石不仅可以做台面，也可以做垂直的墙面背景。黑白灰的素雅色调，搭配上原始石材的清晰花纹设计，使得现代风格的居住空间弥漫着时尚与大气感

（4）家具

现代风格家具是一种比较时尚的家具，具有大胆鲜明的对比、强烈的色彩设计及刚柔并济的选材搭配。其整体线条简洁流畅，摒弃了传统风格的烦琐雕花，以几何造型居多。大量使用钢化玻璃、不锈钢等新型材料作为辅材，能给人带来前卫、不受拘束的感觉。

▲ 板式家具简洁明快、新潮，布置灵活，价格合适，是家具市场的主流。而现代风格追求造型简洁的特性使板式家具成为此风格的最佳搭配，板式家具多以装饰柜为主

▲ 在现代风格的居住空间中，除了运用材料、色彩等技巧营造格调之外，还可以选择造型感极强的几何型家具作为装点的元素，如圆形或不规则多边形的茶几、边几等

（5）常见装饰品

现代风格不拘泥于传统的逻辑思维方式，探索创新的造型手法，追求个性化。在软装饰品的搭配中常把夸张变形的，或是具有现代符号的饰品融合到一起。因此，一些怪诞的抽象艺术画、金属或玻璃灯罩、玻璃饰品、抽象金属饰品等被广泛运用到现代风格的居住空间中。现代风格装饰品如表3-2所示。

表3-2　现代风格装饰品

装饰品名称	特点	图片
抽象艺术画	• 抽象艺术画具有强烈的形式感，较符合现代风格的居住空间 • 将抽象艺术画挂在现代风格居住空间的墙面上，不仅可以提升空间品位，还可以达到释放整体空间感的效果 • 沙发背景墙、卧室背景墙、书房、过道侧面墙均可采用抽象艺术画装饰	

续表

装饰品名称	特点	图片
金属或玻璃灯具	• 灯具采用金属、玻璃作为灯材料，搭配金色、银色等金属色，可以塑造出个性而独具品位的居住空间 • 在客餐厅中布置金属或玻璃的造型灯，可为空间增添美感	
玻璃饰品	• 玻璃饰品不仅自带了玻璃材料的通透感和折射感，搭配不同的造型，更给空间带来了立体感 • 可选择具有靓丽色彩的小型的玻璃饰品，摆放在客厅茶几或角几上，作为现代风格居住空间的点睛之笔	
抽象金属饰品	• 抽象几何形态的金属制品点缀在现代风格的居住空间中，可以彰显工业气息 • 金属自带的光亮感，令居住空间更有时尚氛围	

4. 现代风格案例赏析

本案例没有使用单调的黑白色调设计，而是加入鲜艳的色彩、打破常规的线条结构以及乐观、自由、无所畏惧的态度。设计师用大量的白色去调和多样的色彩，不仅让空间看起来更有整体感，而且也能带来比较宽敞的视觉效果。

设计机构：双宝设计

▲ 在墙面上大胆选择了撞色条纹组合，使其成为了整个空间的亮点。餐厅的餐桌桌布选用了大理石材质纹路的印花图案，将材质转换成其他的表达形式，打破传统思维、没有遵循刻板规律

▲ 客厅为开放式区域，照顾到小朋友的"跑跳"习惯。沙发选用灰色 + 婴儿粉，营造出甜美、柔和的氛围。动物造型的狗腿凳和陀螺椅，为空间增加了一些趣味性

▲ 为了将更多的采光引入室内，设计师将楼梯设计在入户右侧，同时采用玻璃材质，让空间通透敞亮，而楼梯下方空间设计了储物功能的餐边柜，厨房以开放式为主，这样在操作时，还可以照看小朋友的玩耍情况

▲ 主卧采用了简单的北欧灰白色系，回归自然，营造出一种舒适、宁静的氛围，简单、自然让身心得到放松，有助于促进高质睡眠

AIGC 案例

AIGC 技术能够生成富有创意和个性的现代风格居住空间方案图，如利用 AI 算法生成独特的几何形状和线条，用于墙面装饰、家具设计等，使现代风格的空间更加时尚、前卫。扫描二维码，可以看到使用文心一格 AIGC 平台生成的适老化现代风格居住空间方案图，以及对应的指令文字。

现代风格案例

四、Art Deco风格

1. Art Deco 的起源

Art Deco 演变自十九世纪末的 Art Nouveau（新艺术）运动，起源于法国。它是当时的欧美（主要是欧洲）中产阶级追求的一种艺术风格，它的主要特点是感性自然的优美线条，称为有机线条。

2. Art Deco 的设计理念

Art Deco 风格反对古典主义烦琐的手工艺制作，大量使用直线、对称形和几何图形，以新颖的造型、艳丽夺目的色彩为主要特点。

3. Art Deco 风格特征

（1）配色

Art Deco 风格以明亮且对比强烈的颜色为主，强调装饰意图，例如亮丽的红色、魅惑的玫红色及带有金属感的金色、银白色和古铜色等。色彩在 Art Deco 风格中有卓越表现，无论是大面积用涂料涂刷墙面，还是小面积用于家具或装饰物以提亮空间，都能产生独特的魅力。

（2）造型与图案

Art Deco风格的主要特点是有机线条，比如花草动物的形体线条、藤蔓植物的线条，以及东方文化图案（如日本浮世绘）。这些线条与图案以相邻配色的方式，营造出强烈的装饰、艺术氛围。

▲ Art Deco 风格最常出现的便是带有金属感的金色、银白色及古铜色等，这些色彩可以造成华美绚烂的视觉效果

▲ Art Deco 风格常以机械式的、几何的、纯粹装饰的形态来表现时代美感，如放射形、齿轮形、闪电形、折线形、重叠箭头形、星星闪烁形、埃及金字塔形及鲨鱼纹和斑马纹图案等，这些形态通常为重复性规律图案，但图案本身的风格比较简练

▲ Art Deco 风格多用几何元素，地面也常用几何拼花地板、几何图案的地砖及几何图案的地毯。设计时可以考虑将几何元素小面积运用在窗帘、门、家具、挂画、吊灯、靠垫等单品上，运用夸张的几何图形来装饰，可以体现戏剧化的空间节奏

（3）软、硬装材料

Art Deco风格推崇奢华的材料，对于异国情调的材质运用也十分自如。中国瓷器、丝绸、非洲木雕、日式锦帛、东南亚棉麻、法国宫廷烛台等都是Art Deco硬装材料的常用类型。同时，其对钢铁、玻璃等具有特殊质感与光泽的新材料也十分青睐。

（4）家具

家具设计是 Art Deco 风格最集中体现的地方，但它因为受到两种不同因素的影响，所以产生出两种截然不同的设计风格。其一是受到俄国芭蕾舞团的舞台设计和服装设计的影响；其二是受到现代主义的影响，注重新材料的运用。

（5）常见装饰品

Art Deco风格的装饰品一方面需要表达出古典的美感，如仿古的家具、灯饰、摆件，这些装饰的材质比较多样，铁艺、实木、金属都适合。另一方面，空间氛围的营造十分注重布艺装饰起到的作用，因此少不了靠枕等装饰品的身影。Art Deco风格装饰品如表3-3所示。

清漆木家具　铁艺支架灯　花纹羊毛地毯　格纹布艺沙发

▲ Atr Deco风格的软、硬装材料

▲ 多采用实木家具，保留材料本身的纹理和色泽并且通过色彩对比，产生强烈装饰性。局部采用金色和银色点缀于柜脚和转折面，强调家具的结构和质感及雍容华贵的气质

▲ 丝绒本身独特光泽和质感，给人一种奢华、贵气、复古的感觉，非常有档次。丝绒家具不光手感丝滑细腻，而且凸显了一种柔性美，在设计时可以平衡实木家具的古典感

表3-3　Art Deco 装饰品

装饰品名称	特点	图片
古典花纹的抱枕	• 印有古典花纹的抱枕可以令家居彰显典雅的气质 • 也可以用几何图案的抱枕呈现出机械感	
羽毛装饰	• 轻盈柔和的羽毛装饰，能为空间增加优雅感 • 色彩上不必局限于白色，淡色系的粉色、蓝色或是浓色调的绿色、紫色等都可以运用在空间中	
华丽灯具	• 常见的类型有吊灯、壁灯、落地灯、台灯 • 灯具的造型可以选择复杂些的，颜色上主要以金色、银色为主 • 材质上常用黄铜等金属，也可以用水晶、玻璃等材质	
复古艺术品	• 艺术品的类型可以是多样的，可以是雕塑，也可以是装饰画 • 复古造型的艺术品更能突出奢华感	

4. Art Deco案例赏析

本案例为典型的 Art Deco 风格，金色和黑色的经典搭配，使人置身于浪漫奢华中。其间用绿色来丰富配色层次，使空间配色显得更加柔和；再用羽毛、仿旧灯具等元素来凸显风格特征。

▲ 休闲区虽然整体为黑色配色，但墙上的金色装饰图案让空间不显得单调，各种不同材质的组合也让空间看起来更有层次感

◀ 储藏室延续了客厅主空间的配色手法，同时运用木地板来体现空间的天然气息。图案方面运用了极具 Art Deco 风格特征的机械图案和几何图案，为空间增添了更多古典、浪漫的艺术气息

▲ 客厅色彩浓烈而经典，利用多种材质、丰富的花纹图案及线条优美的家具来凸显浪漫、唯美的风情

▲ 餐桌上方悬挂的水晶吊灯和墙上的复古镜框让装饰风格十分突出

五、更多风格案例赏析

1. 极简风格

极简风格的特色是将设计的元素、色彩、照明、原材料简化到最少的程度，但对色彩、材料的质感要求很高。因此，极简风格的居住空间设计通常非常含蓄，往往能达到以少胜多、以简胜繁的效果。以简洁的表现形式满足人们对居住空间环境感性、本能和理性的需求，这就是当今国际社会流行的设计风格——简洁明快的极简风格。

▲ 极简风格

2. 法式风格

法式风格是一种推崇优雅、高贵和浪漫的居住空间装饰风格，讲究在自然中点缀，追求色彩和居住空间内在的联系。法式风格往往不求简单的协调，而是崇尚冲突之美。

法式风格的主要特征是布局上突出轴线的对称，营造恢宏的气势和豪华舒适的感受；追求贵族般的奢华、高贵典雅的风格；细节处理上运用法式廊柱、雕花、线条，制作工艺精细而考究。

▲ 法式风格

3. 日式风格

日式风格给人一种特别简洁的感觉。在居住空间设计中，没有过于烦琐的装饰，更讲求空间的流动性。由于日式风格注重与大自然的融合，因此所用的装修建材也多为自然界的原材料。

▲ 日式风格

学习任务小结 ▶

通过本任务的学习内容，读者对不同的居住空间设计风格有初步了解，为后续的居住空间设计做好铺垫。

课后拓展 ▶

1. 学习了前文的居住空间设计风格，作为一名未来的居住空间设计师，你比较喜欢哪种风格？请简单阐述原因。

2. 你有特别喜欢哪位设计师的居住空间设计作品吗？他的哪个设计点打动了你？

3. 分组完成：搜集家装案例，并分析该案例中设计师的设计理念、作品风格、作品特征，以PPT形式进行小组汇报。

任务3.2 居住空间界面设计

学习任务导入 ▶

居住空间设计的不同处理手法和不同的目的与要求，最终凝结在各种形式的空间形态之中。居住空间界面给人的感受源于空间界面自身的造型和界面所运用的材质两方面。在界面设计时要根据居住空间的性质和环境气氛的要求，结合现有材料、设备及施工工艺等对空间界面进行处理，这样既可以赋予空间特性，还有助于加强居住空间的完整统一性。

室内界面设计

课前探讨

扫描二维码，分析图中的立界面有哪些设计的处理手法。小组讨论界面设计包含哪些部分，并找出你认为设计得非常好的界面进行分享。

课前探讨

学习任务讲解 ▶

一、顶界面设计

现在居住空间的顶界面设计风格多样，不同的顶界面设计适用于不同的层高和房形，营造的风格也不一样。由于不同种类的顶界面设计对房间的高度和大小是有限制的，因此，顶界面设计需根据居住空间整体风格及预算确定。

1. 顶界面设计功能要求

（1）处理不协调的横梁

横梁由于是承重结构所以不能轻易砸掉，但横梁的存在非常影响视觉美观。因此可以用顶界面设计，即吊顶将其隐藏起来，吊顶的具体形式可以根据空间层高决定。

▲ 改造前

▲ 改造后

（2）与地界面的布局相呼应

吊顶的设计应与地面的布局相符合，如客厅的空间，会有与之相匹配的吊顶共同围合成一个区域，在顶面上起到了围合空间的效果，同时也形成了相互呼应。

▲ 开放式的空间可以通过对吊顶的不同处理达到区分区域的目的

（3）预埋管线的功能

顶界面承载着照明及在顶面空间上安置隐蔽工程等功能，如空调的吊顶、在顶界面的预埋管线等。

▲ 改造前

顶界面设计可隐藏管线，与灯光的合理搭配也可以营造空间感

▲ 改造后

2. 顶界面设计的形式、色彩与材料

（1）顶界面设计的形式处理

顶界面空间一般采用双眼皮吊顶、无主灯吊顶、藻井式吊顶、局部吊顶、格栅式吊顶等形式，这主要根据房屋的具体情况、所选择的风格、业主的喜好综合来决定。

▲ 双眼皮吊顶

▲ 无主灯吊顶

▲ 藻井式吊顶

▲ 局部吊顶

▲ 格栅式吊顶

（2）顶界面设计的色彩选择

顶界面的色彩以最浅的、高明度的色彩为主，一般采用白色，由于顶界面的空间在顶部，若是色彩过暗、空间狭小就会显得非常压抑，所以居住空间的顶界面不会选择很暗的颜色。

（3）顶界面设计的材料选择

顶界面设计的材料一般采用木龙骨或轻钢龙骨，外贴石膏板、乳胶漆进行饰面。

二、侧界面设计

侧界面也就是我们常说的墙面，侧界面在空间中主要起到分割空间的作用，另外还可以通过色彩、质感的变化来美化居住空间环境。

1. 侧界面的功能

（1）围合墙面

室内居住空间的墙面主要包括承重墙和非承重墙，主要起围护、分隔空间的作用。承重墙的作用是承重与围护合一，非承重墙的作用是围护与分隔空间。

（2）其他功能

侧界面承载着容纳插座、开关面板、装饰画等功能，并能与柜体及五金件结合进行在立面空间上的收纳。

2. 侧界面设计中的形式、色彩与材料

（1）侧界面中形式美法则的运用

形式美法则是指在居住空间设计中遵循一些原则和规律，使设计具有形式美感和视觉效果的标准和方法。运用到侧界面的设计中，即要注意墙面比例、色彩、材质等方面能形成和谐、舒适、美观的效果。

▲ 墙面上的洞洞板可以起到收纳的作用

0.618

整面墙的设计是运用黄金分割比分割的，让墙面的分割更有韵律感和美感

两边对称的灯具为前墙面增添了复古感

浅灰色的墙面与白色顶面和地面形成了简约而又优雅的氛围

仅用石膏板和装饰线条修饰的背景墙极具风格感

▲ 侧界面中形式美法则的运用

（2）侧界面的色彩选择

侧界面的色彩选择更为丰富，可以根据不同居住空间风格进行色彩的搭配。但对于小户型的住宅而言，浅色或白色可以让房间看起来更加敞亮。

（3）侧界面的材料选择

侧界面可以选择的材料有很多，可以根据不同的装修档次来选择。简单装修常用材料为彩色涂料、壁纸、瓷砖等；中档装修的材料一般为石膏板、板材、软包等；高档

装修的材料可以选择天然石材，以及多种材料进行搭配。

三、地界面设计

地界面是居住空间中与人们接触最多的界面，人们在空间中的大多数活动都需要地界面的承载。地界面在视线中占有的面积比例相当大，对于整个居住空间的格调、氛围起着重要的作用，因此地界面设计必须具备很高的艺术性。

1. 地界面的功能要求

地界面在居住空间中要具有耐磨、耐脏、耐腐蚀、防潮、防水、防滑等功能。某些区域还要求具备保温、防尘、防静电、防辐射、隔声等特殊功能。

2. 地界面设计中的形式、色彩与材料

（1）地界面的形式

地界面设计一般用木地板、瓷砖、马赛克、大理石及一般水泥抹面等，不同的居住空间对地界面设计的要求也不同。在设计时要注意与整个空间的匹配性。

（2）地界面的色彩选择

地界面的色彩非常重要，其色彩的选用应该与整个空间进行调和。地界面的色彩选择不可太暗，因为地界面在视线里占了很大的位置，太过暗沉会营造出过于昏暗的居住环境。

▲ 地界面用地板和石材瓷砖搭配既有分割空间的作用也能增加空间层次

▲ 地界面的色彩选择

（3）地界面的材料选择

① 公共区空间地界面材料

一般来说，公共区空间地面承载着大量活动，所以要尽量选择耐磨又好清洁的材料，比如地砖。地砖的种类很多，包括釉面砖、仿古砖、玻化砖、微晶石瓷砖、水泥砖等，选择时可以根据家庭风格或个人喜好来决定。

▲ 玻化砖具有较高的光泽度，适合铺设在客厅、餐厅等人活动较多的空间

▲ 仿古砖能轻松营造出复古的居室风格，特别适合复古风格的空间。仿古砖适用于客厅、餐厅等空间

② 劳作区空间地界面材料

劳作区空间由于常与水打交道，所以地面材料具有良好的防滑性能很重要，另外，劳作区空间也是人活动较多的地方，地面材料需要具备足够的耐磨性来应对日常使用需求。

▲ 釉面砖有着丰富的纹理，可以使用它进行拼花设计来增强个性。釉面砖主要用于室内厨房的地面或是墙面

◀ 水泥砖是一种仿水泥质感和色彩的瓷砖，它有着极佳的防滑性能，且能给人一种粗犷、质朴却又不失精致感和细腻感的感觉

③ 私人空间地界面材料

私人空间作为休息的主要场所，需要营造温馨舒适的空间氛围，地面选择脚感舒适的木地板更佳。木地板的种类较多，常用的有实木复合地板和强化复合地板。

▲ 卧室常用脚感舒适的地板铺设

学习任务小结 ▶

通过本任务的学习，读者了解了什么是居住空间的界面，界面分顶界面、侧界面、地界面；了解了不同界面在形式、色彩、材料上的设计。

课后拓展 ▶

分别搜集居住空间中各个界面的图片各10张，进行整理分析并做成PPT。

任务3.3 居住空间色彩设计

▌学习任务导入 ▶

人们在日常生活中使用色彩，并享受色彩带来的快乐。色彩是一种情感语言，它所表达的是一种人类内在生命中某些极为复杂的感受。人们需要一个环保、舒适的居住空间，色彩对于烘托气氛、优化装饰及修饰空间环境等方面都是极其重要的。

室内色彩设计

课前探讨

1. 你喜欢什么颜色，你对于这种颜色有什么主观上的感受？
2. 扫描二维码，从二维码中的案例，可以看出室内居住空间常用哪些色调进行设计？

课前探讨

▌学习任务讲解 ▶

一、色彩的基本概念

1. 色彩心理学的含义

人的第一感觉是视觉，而色彩对人的视觉影响最大。不同的色彩给了人们不同的心理体验，比如黑色让人产生一种恐惧和敬畏之感；白色象征纯洁、善良；粉色象征甜蜜、浪漫和温柔。因此，在进行居住空间色彩设计时，可以通过不同的色彩选择与搭配，营造出不同感觉的空间氛围。

2. 不同颜色的情感表达

（1）红色

红色是三原色之一，它象征活力、健康、热情、朝气、欢乐，使用红色能给人一种迫近感，使人体温升高，引发兴奋、激动的情绪。

在居住空间设计中，大面积使用纯正的红色容易使人产生急躁、不安的情绪。因此在配色时，纯正红色可作为重点色少量使用，这样会使空间显得富有创意；而将降低明度和纯度的深红、暗红等作为背景色或主色使用，能够使空间具有优雅感和古典感。另外，红色特别适合用在客厅、活动室或儿童房中，以增加空间的活泼感。在中国传统观念中，红色还代表喜庆，因此常会用作婚房配色。

▲ 红色的居住空间

（2）蓝色

　　蓝色是三原色之一，它给人博大、静谧的感觉，是永恒的象征。蓝色为冷色，是和理智、成熟有关系的颜色，在某个层面上，是属于成年人的色彩。但由于蓝色还包含了天空、海洋等人们非常喜欢的事物，所以同样带有浪漫、甜美色彩，在居住空间设计中也跨越了各个年龄层。

　　蓝色在儿童房的设计中，多数是作为具象色彩使用，如大海、天空的蓝色，给人开阔感和清凉感；而在成年人的居住空间设计中，则多数采用其抽象象征，如商务、公平和科技感。在居住空间配色中，蓝色适合用在卧室、书房、工作间，能够使人的情绪迅速地镇定下来。在使用蓝色时可以搭配一些跳跃色彩，避免产生过于冷清的氛围。

▲ 蓝色的居住空间

（3）绿色

　　绿色是介于黄色与蓝色之间的复合色，是大自然中常见的颜色。绿色能够让人联想到森林和自然，它代表着希望、安全、平静、舒适、和平、自然、生机，能够使人感到轻松、安宁。

　　在居住空间配色中，绿色一般来说没有使用禁忌，但若不喜欢空间过于冷调，应尽量少和蓝色搭配使用。另外，大面积使用绿色时，可以采用一些绿色的相邻色、对比色或补色的点缀品来丰富空间的层次感，如绿色和相邻色彩组合，给人稳重的感觉；和补色组合，则会令空间氛围变得有生气。

▲ 绿色的居住空间

（4）黄色

黄色是三原色之一，能够给人轻快、希望、活力的感觉，让人联想到太阳，在我国的传统文化中，黄色是华丽、权贵的颜色，象征着帝王。

黄色具有促进食欲和刺激灵感的作用，非常适合用于餐厅和书房中，因为其纯度较高，也同样适用于采光不佳的房间。另外，黄色带有的情感特征，如希望、活力等，使其多用于儿童房中。黄色的包容度较高，与任何颜色组合都是不错的选择。黄色作为暗色调的点缀色可以取得具有张力的效果，能够使暗色更为醒目。

▲ 黄色的居住空间

（5）灰色

灰色是介于黑色和白色之间的一系列颜色。灰色给人温和、谦让、中立、高雅的感受，具有沉稳、考究的装饰效果，是一种在时尚界不会过时的颜色。许多高科技产品，尤其是和金属材料有关的，几乎都采用灰色来传达高级、科技的形象。

在居住空间设计中，可以大量使用高明度的灰色，大面积纯灰色可体现出高级感，若搭配明度同样较高的其他颜色的图案，则可以增添空间的灵动感。另外，灰色用在居住空间中，能够营造出具有都市感的氛围，例如表达工业风格时会在墙面、顶面大量使用灰色。需要注意的是，虽然灰色适用于大多数的居住空间设计，但在儿童房、老人房中应避免大量使用，以免造成空间过于冷硬。

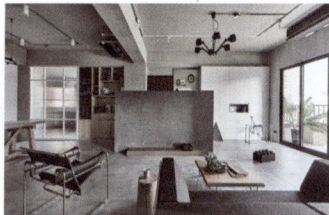

▲ 灰色的居住空间

（6）褐色

褐色又称棕色、咖啡色、茶色等，是由少量红色及绿色、橙色及蓝色或黄色及紫色颜料调和成的颜色。褐色常与泥土、自然、简朴联想在一起，给人可靠、有益健康的感觉。但从反面来说，褐色也会被认为有些沉闷、老气。

在居住空间配色中，褐色常通过木质材料、仿古砖来体现，沉稳的色调可以为居住空间环境增添一份宁静、平和及亲切感。褐色所具备的情感特征及褐色材料具备的特点，使其非常适合用来表现乡村风格、欧式古典风格及中式古典风格，也适合老人房、书房的配色，并且可以较大面积使用，营造沉稳的感觉。

▲ 褐色的居住空间

二、色彩设计的基本应用

1. 不同空间的色彩设计

（1）客厅（起居室）

客厅色彩设计是居住空间设计中非常重要的一个环节，因为从某种意义上来说，客厅配色是整个空间色彩的辐射轴心。

色彩设计原则

一般来说，客厅色彩最好以反映热情、好客的暖色调为基础，颜色尽量不要超过3种（黑、白、灰除外）。如果觉得3种颜色太少，则可以调节色彩的明度和彩度以达到微妙的变化。同时，客厅配色可以用较大的色彩跳跃和强烈对比突出重点装饰部位。

▲ 起居室色彩设计

（2）餐厅

餐厅是进餐的专用场所，具体色彩可根据家庭成员的爱好而定，一般应选择暖色调，如深红色、橘红色、橙色等，其中尤其以高纯度、淡色调、高明度的橙黄色最适宜。这类色彩有刺激食欲的功效，不仅能给人以温馨感，而且能提高进餐者的兴致。

色彩设计原则

餐厅应避免将暗沉色用于背景墙，否则会带来压抑感。但如果比较偏爱沉稳的餐厅氛围，则可以考虑将暗色用于餐桌椅等家具，或部分墙面及顶面的装饰中。餐厅色彩搭配除了需特别注意墙面配色外，桌布色彩也不容忽视。一般来说，桌布选择纯色或多色搭配均可，只需与餐厅整体风格保持协调即可。

▲ 餐厅色彩设计

（3）卧室

卧室是提供人们安静入眠、充分休息的相对静谧的空间，它具有较强的私密性。在色彩设计中应以能够使居住者精神松弛、解脱烦恼为目的，以色彩设计创造安宁、柔和同时又具有个性的环境效果。

色彩设计原则

卧室的色彩不宜过多，否则会造成视觉上的杂乱感，影响睡眠质量，一般2~3种色彩即可。卧室顶部多用白色，显得明亮；地面一般采用深色，且应避免和家具色彩过于接近，否则会影响空间的立体感和线条感。卧室家具色彩要考虑与墙面、地面颜色的协调性。浅色家具能扩大空间，使房间明亮；中等深色家具可使空间显得活泼、明快。

▲ 卧室色彩设计

（4）厨房

厨房的配色最好选择浅色调作为主色，不仅可以有"降温"的作用，还具备扩大延伸空间感的作用，可以令厨房不显局促。

色彩设计原则

大面积的浅色调可以用于顶面、墙面，也可以用于橱柜，只需保证用色比例在60%以上即可。另外，由于厨房中存在大量金属厨具，缺乏温暖感，因此橱柜色彩可以选择温馨一些的，其中原木色的橱柜最合适。

▲ 厨房色彩设计

（5）卫生间

卫生间对于色彩的选择并没有什么特殊禁忌，仅需注意缺乏透明度与纯净感的色彩要少量运用，而干净、清爽的浅色调非常适合卫生间。

色彩设计原则

运用冷色调（蓝、绿色系）来布置卫生间，更能体现出清爽感，而像无色系中的白色也是非常适合卫生间大面积使用的色彩，淡灰色和黑色最好只作为点缀出现。

▲ 卫生间色彩设计

（6）儿童房

儿童有丰富的想象力，各种不同的颜色能吸引儿童的目光，还能刺激儿童的视觉神经，锻炼儿童对于色彩的敏锐度，并提高儿童的创造力。所以儿童房的色彩可以选择小范围的跳色修饰。

色彩设计原则

儿童房尽可能不使用大面积暗淡的颜色，白色、灰色等中性色也尽量少用，而应多用一些明度、饱和度比较高的颜色，如橙色、粉红色、草绿色。饱和度高的颜色可以刺激儿童视觉神经的发育，提升儿童的颜色辨别意识。此外，高明度的颜色也会带给人一种积极的乐观情绪，帮助塑造孩子的健康性格的形成。

▲ 儿童房色彩设计

2. 家具软装的色彩设计

（1）撞色的软装，给居住空间增加一点跳跃节奏

如果室内的色调比较单一，这时候软装可以选择用一些对比色，起到活跃氛围、丰富空间的视觉层次的作用。

▲ 小型家具的色彩可以选择高纯度的色彩，这样可以活跃空间氛围但又不会太醒目

（2）结合软装色彩确定主色调，使居住空间整体色彩协调一致

要结合软装色彩确定一个主色调，使居住空间整体的色彩、美感协调一致。

▲ 将家具、布艺等软装的色彩统一，可以更有整体感

（3）选择空间使用面积最大的颜色作为地毯颜色较为和谐

一般来说，只要是空间已有的颜色，都可以作为地毯颜色，但还是应该尽量选择空间使用面积最大、最抢眼的颜色，这样搭配比较保险。如果家里的装饰风格比较前卫，混搭的色彩比较多，也可以挑选室内少有的色彩或中性色作为地毯颜色。

▲ 地毯颜色可以根据家具或墙地面颜色决定，这样可以达到整体呼应的效果

（4）选择与墙面同色的软装，氛围更柔和

为了营造安静美好的睡眠环境，卧室墙面的色彩都会设计得较柔和，因此家具和床品选择与之相同或者相近的色彩绝对是一种正确的方法。同时，统一的色调也让睡眠氛围更柔和。

▲ 卧室床品的色彩可与墙面色彩统一

三、当下居住空间的色彩应用趋势

1. 现代风

现代风格张扬个性，凸显自我，色彩设计极其大胆，追求鲜明的反差效果，具有浓郁的艺术感。现代风色彩搭配可分为两类：一种是以黑、白、灰等无彩色为主色；另一种是具有对比效果的有彩色的搭配。若追求冷酷和个性的家居氛围，可全部使用黑、白、灰进行配色；若喜欢华丽、另类的家居氛围，可采用强烈的对比色，如红配绿、蓝配黄等配色，且让这些色彩出现在主要位置，如墙面、大型家具上。

常用配色：白色＋黑色、白色＋灰色、无色系＋金属色、棕色系、对比色。

▲ 现代风

2．奶油风

奶油风已经风靡全网，每一个细节都散发出典雅迷人的气息，令人难以抗拒。居住空间中，奶油风格的特点在于低饱和度的色彩搭配，营造出低调温柔的整体氛围。

常用配色：米白色+棕色、棕色系。

▲ 奶油风

3．新中式风

新中式风格的配色主要有两种常见形式：一种是源自于苏州园林建筑配色的黑、白、灰组合，较为素雅；另一种是源自于皇家传统的红、黄、蓝等彩色，将其和黑、白、灰或大地色组合，充满个性。除此之外，古朴的棕色通常会作为搭配，出现在以上两种配色中。

常用配色：白色/米色+黑色、白色+灰色、白色/灰色+红色/黄色/蓝色、棕色+无色系。

▲ 新中式风

4．极简风

极简风的特点是简洁明快，将设计元素简化到最少，但对色彩、材质的选用要求非常高。极简风的配色大多以白色为主色，若觉得略显单调，可利用图案增加变化，再搭配少量高饱和度色彩作点缀，仍是无色系为主角，但却体现出个性。

常用配色：白色（主色）+ 暖色、白色（主色）+ 冷色、白色（主色）+ 中性色、白色（主色）+ 对比色、白色（主色）+ 多彩色。

▲ 极简风

5. 轻奢风

简欧风格保留了古典欧式风格的部分精髓，同时简化了配色方式，白色、金色、暗红色是其最常用的颜色。若追求素雅效果，可以将黑、白、灰组合作为主色，添加少量金色或银色；若追求厚重效果，可以用暗红、大地色作主色；若追求清新的感觉，则可以将蓝色作为主色。

常用配色：白色＋黑色/灰色、白色/米色＋暗红色、白色＋蓝色、白色＋金色/ 银色点缀、白色＋绿色点缀。

▲ 轻奢风

四、关于色彩的一些延伸知识

1. 色彩的3个要素

色彩的3个要素为色相、明度和纯度。其中色相是指色彩所呈现出来的相貌，是区别各种不同色彩最主要的标准。除了黑、白、灰，所有色彩都有色相属性。明度是指色彩的明暗程度，同一色相明度越高色彩越明亮。纯度是指色彩的鲜艳程度，也称饱和度或彩度，无论为一个有彩色加入白色还是黑色调和，其纯度都会降低。

▲ 12色相环

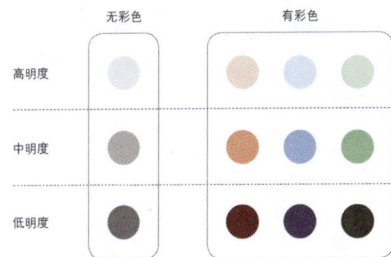

▲ 同色的明度变化　　　　▲ 同色的纯度变化

2. 色彩的4种角色

空间中的色彩，既体现在墙、地、顶，也体现在家具、布艺、装饰品等软装上。有的色彩是大面积的，有的色彩是小面积的，还有的只起装点作用，不同的色彩所起到的作用各不相同。将这些色彩合理区分，是成功配色的基础之一。色彩有如下4种角色。

背景色：空间中所占比例最大的色彩（占比60%），通常为墙、地、顶、门窗、地毯等大面积物体的色彩，是决定空间整体配色印象的重要角色。

主角色：空间主体色彩（占比20%），包括大件家具、装饰织物等构成视觉中心的物体的色彩，是配色的中心。

配角色：陪衬主角色的色彩（占比10%），视觉重要性和面积次于主角色。通常为小家具（如边几、床头柜等）的色彩，作用是使主角色更突出。

点缀色：空间中最易变化的小面积色彩（占比10%），如工艺品、靠枕、装饰画等的色彩。通常颜色较鲜艳，若追求平稳的气氛也可与背景色靠近。

3. 色相型配色

在进行居住空间配色设计时，通常会采用2~3种色彩进行搭配，这种使用色相组合的配色方式称为色相型配色。色相型不同，塑造的效果也不同，色相型配色总体可分为闭锁型和开放型两种。

▲ 色相型配色

根据色相环中颜色的位置，色相型大致可以分为4种，即类似型（相近位置的色相搭配），对决、准对决型（位置相对或邻近相对色相的搭配），三角、四角型（位置呈三角或四边形的色相搭配），全相型（涵盖各个位置色相的搭配）。

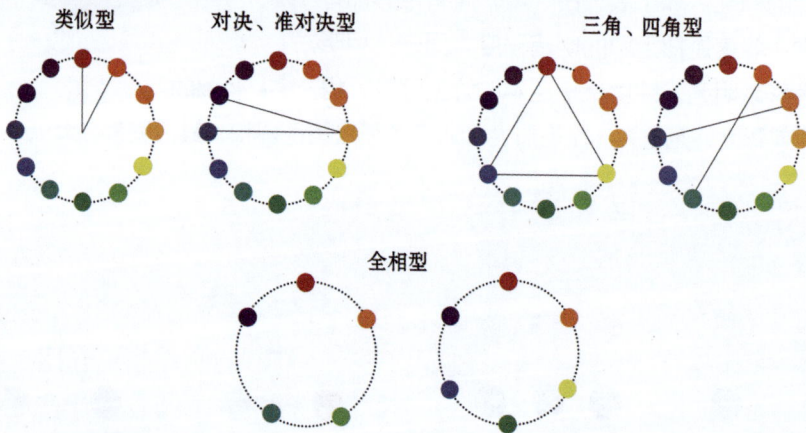

▲ 4种色相型

4. 色调型配色

在居住空间的配色中，色调可理解为色彩的浓淡程度，是由色彩的纯度和明度值共同构成的，同样也影响整体氛围。即使是同一种色相，只要色调不同，给人的感觉也是有区别的；反之，即使是不同的色相，只要色调接近，也具有统一感。色彩学专家将所有的色调进行了更加系统化、区域化的整理，形成了PCCS色彩体系，让人们可以更直观地了解色调的微妙变化。

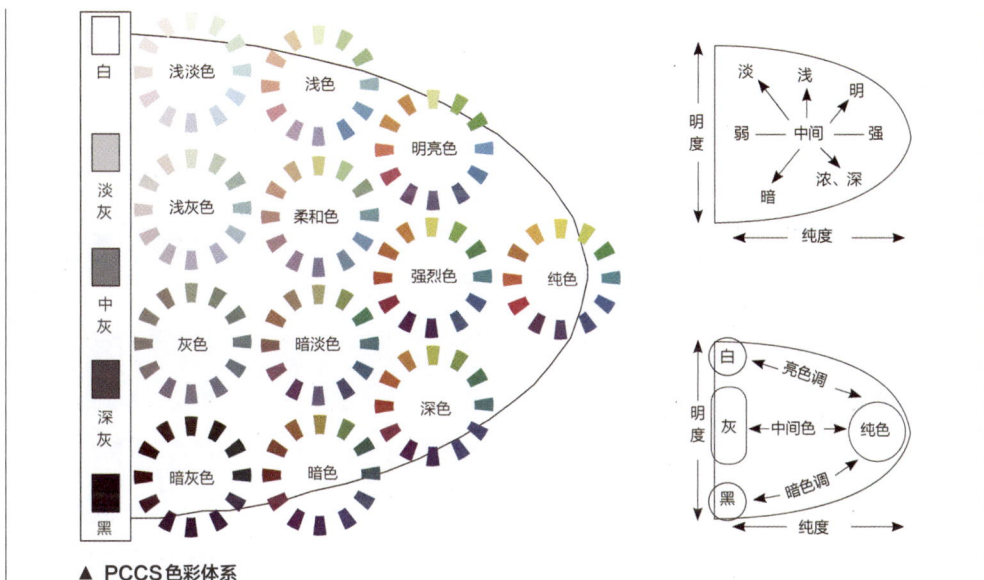

▲ PCCS色彩体系

学习任务小结

在本任务中，读者学习了不同色彩的情感表达、不同色彩在不同空间中的应用等内容。居住空间设计反映的是一种生活方式，色彩搭配要在和谐的原则下科学、合理地进行。明确不同居住空间的色彩设计要点，注重人的心理、生理感受，不仅有利于美化室内效果，也有益于人们的身心健康。

课后拓展

分小组整理不同风格的居住空间色彩的设计，并进行集体交流讨论。

任务3.4 居住空间材料设计

学习任务导入

居住空间设计发展至今，装饰材料的应用越来越成为设计中不可分割的部分，材料可以表现居住空间的不同风格，通过各种材料的组合可以营造富有个性的空间氛围。

室内材料设计

课前探讨

扫描二维码，观察其中的 4 张图，你知道图中都运用了什么材料吗？相互讨论不同的材料在空间里营造的氛围有何不同。

课前探讨

学习任务讲解 ▶

一、材料的分类

室内常用材料可以分为几大类，其中包含石材、瓷砖、玻璃、涂料、皮革、板材、地材、顶材等。

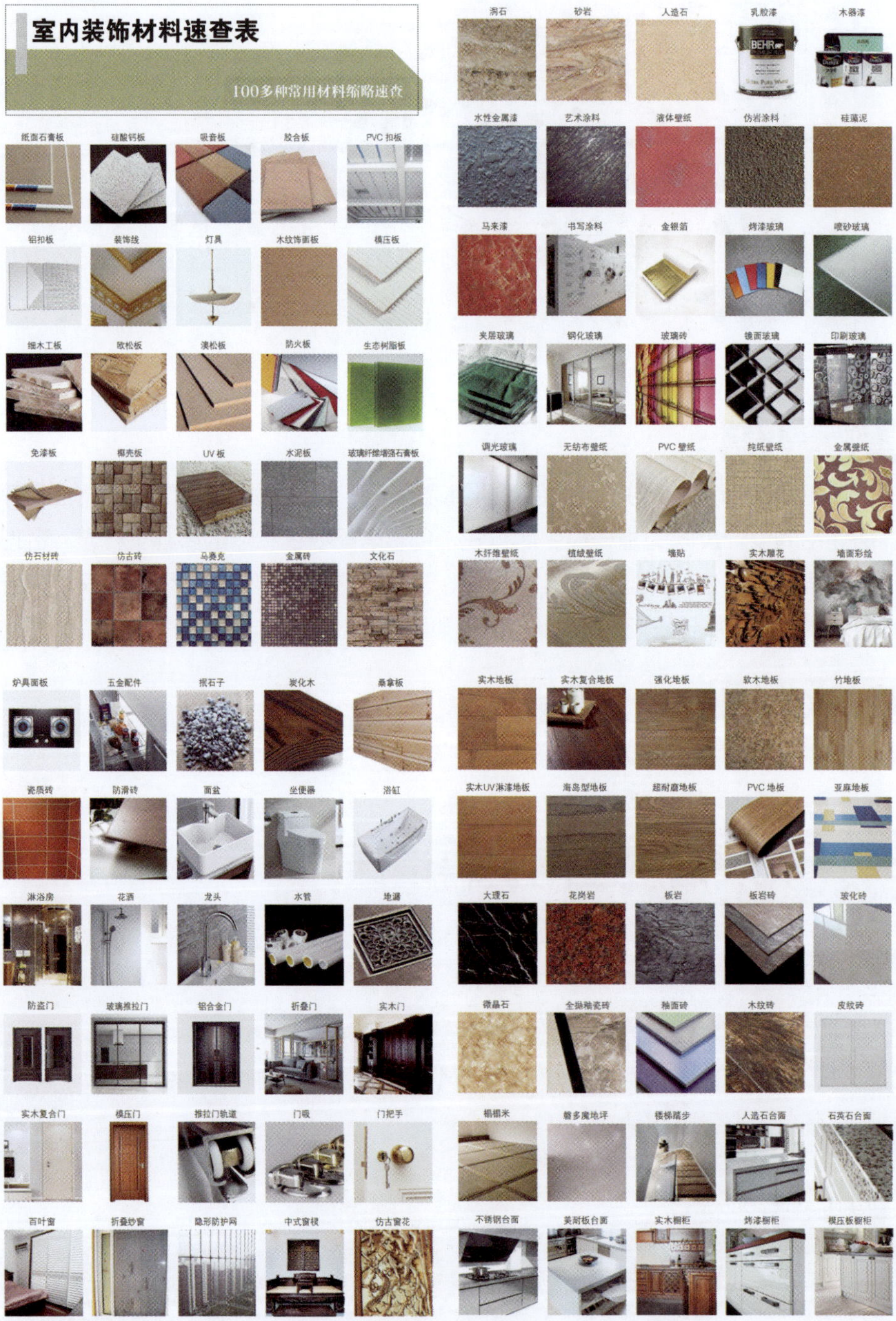

▲ 室内装饰材料

1. 石材

在居住空间设计中常用到石材，石材的种类非常多，但主要分为两大类：天然石材与人造石材。天然石材因为是自然形成的，所以纹理比较自然，质感独特，但价格相对较高；人造石材是仿天然石材制作而成的，虽然自然质感较差，但是价格比较便宜。石材的特点与用途如表3-4所示。

表3-4　石材的特点与用途

名称	特点	用途
砂岩	无污染，冬暖夏凉，耐用性媲美大理石，可进行雕刻	墙面，地面，柱子
洞石	质地软硬度小，表面有空洞结构	墙面，屏风
板岩	亚光质感，纹理特殊，板面图案自然天成	墙面，地面
大理石	质地坚硬，色彩纹理丰富，装饰效果好	地面，墙面，台面，隔断
人造文化石	仿照自然石材外形，质轻但强度高，不易沾灰尘	墙面，地面
人造水磨石	造价低廉，可任意调色拼花，防尘防滑性可媲美大理石	墙面，地面，台面
花岗石	质地特别坚硬，耐磨损，装饰效果较单一	墙面，地面，台面
人造石英石	丰富的色彩组合，极其耐磨、不易刮花，环保无辐射	墙面，地面，台面
玉石	气质典雅，纹理独特、尊贵，有与玻璃相似的透明感	墙面，地面，台面
人造大理石	兼具大理石的天然质感和坚硬质地，有陶瓷的光泽	墙面，地面，台面

2. 瓷砖

目前，国内建筑中所用的瓷砖按功能分为内墙砖、外墙砖和地砖等；按材质分为瓷质砖、炻质砖和陶质砖等；按工艺方法分为釉面砖、通体砖、抛光砖、玻化砖和马赛克等。瓷砖的特点与用途如表3-5所示。

表3-5　瓷砖的特点与用途

名称	特点	用途
腰线砖	极佳的装饰效果，可改变空间的气氛	墙壁腰线部位
炻质砖（吸水率6%~10%）	具有适中吸水率，使铺贴层与砖的粘附力更强	墙壁，柱面，垭口及地面等
通体砖	表面不施釉，装饰效果古香古色、高雅别致、纯朴自然	墙壁，柱面，垭口及地面等
墙砖	美观、防潮和耐磨兼顾，光洁程度高，可供选择的色彩图案多样，且较地砖更轻、薄	墙壁，柱面及垭口

名称	特点	用途
瓷质砖 （吸水率≤ 0.5%）	有天然石材的质感，高光性、高硬度、高耐磨性、高抗污性，吸水率低，色差少	墙壁，柱面，垭口及地面等
釉面砖	色彩图案丰富，规格多样，清洁方便，选择空间大，防渗，可无缝拼接、任意造型	墙壁，柱面及垭口
抛光砖、玻化砖	表面光洁，坚硬耐磨，抗弯曲强度大，砖体薄，重量轻	墙壁，柱面，垭口及地面等
地砖	质坚，耐压耐磨，能防潮，有的经上釉处理，具有装饰作用	地面
陶质砖 （吸水率＞ 10%）	质感细腻，规格多样，具有良好的装饰效果	墙壁，柱面及垭口
马赛克	可随意拼贴图案，装饰效果好	墙壁，柱面，垭口及地面等

3. 玻璃

玻璃不仅可以在建筑外墙上使用，而且可以在室内使用，室内使用的玻璃一般称为装饰玻璃，市面上的装饰玻璃可分为3种类型：平板玻璃、艺术玻璃及成型玻璃。玻璃的分类与用途如表3-6所示。

表3-6　玻璃的分类与用途

名称	分类	用途
普通透明玻璃	透明浮法玻璃及吸热玻璃	门、窗
彩绘玻璃	现代数码彩绘黏合玻璃及手绘彩绘玻璃	背景墙、门、隔断、屏风、吊顶等
深加工平板玻璃	喷砂玻璃、磨砂玻璃、镜面玻璃、烤漆玻璃、彩色玻璃等	门、窗、隔断、吊顶等
安全玻璃	钢化玻璃、贴膜玻璃等	门、窗、隔断等
印刷玻璃	单面印刷玻璃及双面印刷玻璃	背景墙、门、隔断、屏风、吊顶等
夹层玻璃	夹丝玻璃、夹布玻璃、夹网玻璃、夹绢玻璃等	背景墙、门、隔断、屏风等
镶嵌玻璃	素色镶嵌玻璃、彩色镶嵌玻璃	门、隔断、屏风、吊顶等
玻璃砖	彩色空心玻璃砖、透明空心玻璃砖等	墙面、隔墙、隔断、屏风等
雕刻玻璃	人工雕刻玻璃和计算机雕刻玻璃	背景墙、门、隔断、屏风等

4. 涂料

涂料除了可以增加视觉美感外，还能对物体表面形成保护，有些品种还具有绝缘、防腐等特殊功效。因此，选择涂料时，不仅要考虑颜色，还要考虑被涂饰物体的性质、涂料的用途与鲜艳度、被涂饰物体有无阳光直射等因素。室内常用的涂料包括墙面涂料、木器漆、金属漆及地坪漆等类型。涂料的分类与用途如表3-7所示。

表3-7　涂料的分类与用途

名称	分类	用途
露木纹漆	透明漆、聚氨酯清漆及油性着色剂等	木饰面及木质家具
不露木纹漆	合成树脂调合漆、珐琅漆、聚氨酯树脂漆等	木饰面及木质家具
环氧树脂地坪漆	无溶剂自流平地坪漆、水性地坪漆、耐磨地坪漆等	地面
聚氨酯地坪漆	溶剂型、无溶剂型及水性聚氨酯地坪漆等	地面
有色金属漆	水性金属漆和溶剂型金属漆等	非铁类、有色金属
乳胶漆	聚醋酸乙烯乳胶漆和丙烯酸乳胶漆	墙壁及天花板
功能性涂料	书写涂料等	墙壁及天花板
黑色金属漆	水性金属漆和溶剂型金属漆等	钢铁类金属
质感涂料	硅藻泥、艺术涂料、马来漆等	墙壁及天花板
功能性地坪漆	弹性地坪漆及防滑地坪漆等	地面

5. 皮革

皮革的分类方法有很多，按制造方式可分为真皮、再生皮、人造革和合成革。随着科技的发展，合成革的性能虽然越来越接近天然皮革，但仍不能达到天然皮革的指标。皮革的特点与用途如表3-8所示。

表3-8　皮革的特点与用途

名称	特点	用途
普通人造革	成品手感较硬，耐磨	软硬包制作
发泡人造革	成品质轻，手感丰满、柔软	软硬包制作
绒面人造革	俗称人造麂皮，其品种繁多，面层有绒面感	软硬包制作
PU 合成革	具有极其优异的耐磨性能，优异的耐寒、透气、耐老化性能	软硬包制作
PVC 人造皮革	近似天然皮革，外观鲜艳、质地柔软、耐磨、耐折、耐酸碱等	软硬包制作
二层皮革	牢度、耐磨性较差，制作材料主要有牛皮和猪皮等	软硬包制作
修面革	涂饰层较厚，耐磨性和透气性比全粒面革较差	软硬包制作
全粒面革	涂层薄，有自然的花纹，耐磨，有良好的透气性	软硬包制作

6. 板材

在室内装饰工程中，可使用的板材种类繁多，如胶合板、木工板、密度板等，但总体来说，它们可归纳为基层结构板材和饰面板材两大种类。两者的界限并不十分严格，某些基层结构板材因其独特的表面肌理，也会被设计师用作饰面板材。板材的特点与用途如表3-9所示。

表3-9　板材的特点与用途

名称	特点	用途
胶合板	强度较大，抗弯性能好，握钉力强，稳定性强，价格适中	可用作墙面、柱面、地面及活动家具的基层板材
科定板	表面平滑，手感接近木纹，弥补了原木材缺陷	可用作墙面、柱面、地面及活动家具的基层板材
指接板	环保度高，加工方便，可塑性强，耐用性强	主要用在家具领域，例如家具面板、抽屉、扶手等
木工板	握钉力好，强度高，有一定的吸声、隔热效果	可用作木框架、门套、柜体底板、窗帘盒、吊顶侧板等
密度板	平整度很高，可塑性很强，强度很高，韧性很强	用作固定家具、活动家具的基层板材，用作饰面板材基层、门板
防火板	表面孔隙小不易被污染，耐溶剂性、耐水性、耐药品性、耐焰性强	主要用在对防火有要求的场所
免漆板	具有天然质感，木纹清晰，可以与原木媲美，离火可自熄，防潮	用于各种风格的室内空间中的墙面造型及家具的制作
吸音板	吸音降噪，稳定性好，抗冲击能力好，有丰富的颜色可供选择	主要用于对隔音有较高要求的场所
生态树脂板	100%可以回收利用，无毒性符合FDA（Food and Drug Administration）标准，相同体积下重量是玻璃的1/2	运用在公共建筑与家居装饰中，如灯罩面板、吊顶面板、背景墙、装饰性方柱、台面、隔断、屏风、橱柜门板、衣柜移门板等
原木板	纹理自然，质感天然，但是价格昂贵、怕火	一般用在活动家具上，装饰构造和固定家具很少使用

7. 地材

地材包括的范围很广，这里主要介绍地板类地材，虽然在称呼上叫地板类地材，但是也不排除可以运用在其他地方。地板类地材的特点与用途如表3-10所示。

表3-10　地板类地材的特点与用途

名称与原料	特点	用途
网络地板 原料：塑料、钢等	为方便地面走线存在的装饰，安装快捷，稳定性强	高档写字楼、5A管理大楼等办公场所
运动木地板 原料：枫木实木板	高度耐磨耐腐，弹性良好	篮球场、排球场等室内体育场馆

续表

名称与原料	特点	用途
抗静电地板 原料：铝合金、陶瓷等	不反光不打滑，不起尘，几乎不受热胀冷缩影响，耐磨度高	无尘的净化车间、计算机房、微电子实验室等场所
PVC 地板 原料：聚氯乙烯	超轻超薄，耐磨，高弹性，接缝小，施工快捷	几乎适用于所有类型空间的地面材料，适用于对耐磨度要求高的场合
竹地板 原料：竹材	能减少噪声，有自然芳香	住宅酒店、高端写字楼、高级商场等场所
强化地板 原料：板材、装饰纸	耐磨度高，稳定性好，容易护理，色彩花样丰富	办公室、实验室、中高档酒店等对地面耐磨度有较高要求的场所
软木地板 原料：树皮	柔软舒适，安全环保，自然生态，吸音隔音	人流量不多的室内地面
复合木地板 原料：实木、板材	纹理自然，无须打蜡保护，耐磨耐腐耐水，抗冲击性好	人流量不多的室内地面
实木地板 原料：实木	纹理自然，脚感舒适，冬暖夏凉	高端会所、住宅酒店等对舒适度有较高要求的场合

8. 顶材

吊顶材料包括的范围很广，在国内因为防火规范的要求，限制了一些材料的使用，在这里着重介绍石膏板、矿棉板、软膜板及金属吊顶材料。顶材的特点与用途如表3-11所示。

表3-11 顶材的特点与用途

名称	特点	用途
铝扣板	优良的板面涂层性能，极强的复合牢度，重量轻，强度高	吊顶
硅钙板	具有防火、防潮、隔音、隔热等性能，可以适当调节室内干、湿度，增加舒适感	墙壁及吊顶
石膏板	防火、质轻，绿色环保，有良好的装饰性，施工简单	墙壁、隔墙、吊顶、地面基层板等
透光板	性能好，绿色环保，可随意设计造型，尺寸可调节	吊顶
矿棉板	吸声降噪，安全防火，防潮性佳	墙壁、隔墙及吊顶等
软膜板	防火，环保性强，防菌防水，形式多样，安装方便，抗老化	吊顶
玻璃纤维加强石膏板	可塑性强，能自然调节室内湿度，声学效果好	吊顶

二、材料的质感

不同的材料因其自身色泽、质地、肌理等特性的不同，所表达的情感也大相径庭。在生活中常用轻重、冷暖、软硬等形容词汇表达人对物品的感觉，材料的情感表达常常通过可视可触的形式呈现在居住空间之中，从而对空间风格产生影响。

▲ 材料质感的变化

1. 触觉质感

触觉质感是靠手和皮肤与物体的接触而感知的物体表面特征（软硬、冷暖、干湿等）。

▲ 触感偏硬的材料

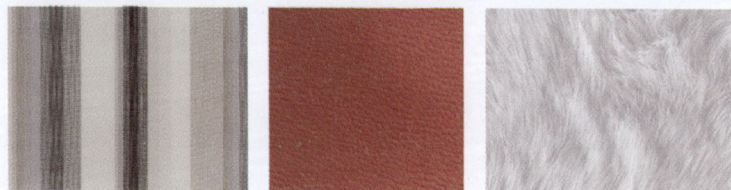

▲ 触感偏软的材料

2．视觉质感

视觉质感是指靠视觉来感知的材料表面特征，是材料被人眼看到后，经大脑综合处理，产生的一种对材料表面特征的感觉和印象，如雅俗、贵贱、脏洁等。

▲ 金属材质看上去给人冷硬感

三、如何合理选择材料

1．空间性质

空间属性决定了这个空间用什么样的材料。如客餐厅的地面作为公共区域，可以选择地砖这样耐磨好打理的材料，卧室的地面作为私密空间需要营造温馨的感觉，选择实木地板、复合地板、地毯等材料更为合适。

2．功能需求

空间的功能决定了材料的选择，比如卫生间需要防水、防火、防滑等功能，我们在选择材料时就要根据这些功能需求来选择材料，卧室是需要休息睡觉的地方，在材料的选择上会更加偏向于温暖舒适。

▲ 客厅

▲ 卧室

▲ 厨房

▲ 卫生间

3. 预算

预算对居住空间材料的选择有着直接的影响，不同的预算在满足功能的前提下会产生不同的效果。

▲ 不同预算下材料的选择

4. 地域文化

居住空间的材料选择同样受地域文化的影响，不同地方的风土民情影响了人们对材料的选取。比如我们常见到的日式风格的居室中会大量运用自然界的材料来表达淡雅、简约、深邃的禅意，其中就包括原木、藤、竹、棉麻等材料。

▲ 自然界的材料

5. 工艺要求

材料本身的性质、适合的工艺也会影响材料的选择。比如金属材料的加工工艺包括切削、研削、研磨、表面蚀刻、表面被覆等，这些工艺可以改变金属的色彩、肌理或光泽，使相同的金属材料能散发出不同的美感。

▲ 居住空间中的金属材料

学习任务小结

通过本任务的学习，读者认识了什么是材料，并了解了哪些因素会影响材料的选择。

课后拓展

随着社会经济的发展和工艺技术的更新，有很多新型材料需要我们了解。搜集整理新材料及新材料的运用领域。

任务3.5 居住空间照明设计

学习任务导入

居住空间照明设计，可以说是居家装修中的最后一个环节，但是，对于整个家装而言，它至关重要。科学合理的居家照明设计，应该不仅能够满足居家生活和学习的功能性要求，充分凸显家装的风格、档次、空间感，更能够为家人提供温馨、舒适、健康的生活空间。

室内照明设计

1. 扫描二维码，你认识其中的这些灯具吗？这些灯具的规范叫法是什么？
2. 生活中，你认为哪些空间的灯光做得很棒，请举例说明。

课前探讨

学习任务讲解

一、采光照明的基本概念

照明是居住空间中重要的设计内容，合理的照明设计不仅能够提供基础的照明，同时又能够营造宜人的空间氛围。在进行照明设计之前要充分了解照明相关的基础知识，如此才能更好地在照明设计中达到设想的照明效果。

1. 采光照明的基本概念

就人的视觉来说，没有光就没有一切。在居住空间设计中，光能满足人们视觉的需要，而且是一个重要的美学因素。光可以形成空间、改变空间或者破坏空间，它直接影响到人对物体大小、形状、质地和色彩的感知。

2. 照明设计常用的专业术语

（1）色温

色温是表示光线中包含颜色成分的一个计量单位。当光源发出的光的颜色与黑体在某一温度下辐射的颜色相同时，黑体的温度就称为该光源的颜色温度，简称色温。色温的单位为开尔文，常用 K 表示。色温在 5300K 以上为冷色光，接近自然光；色温在 3300K 以下为暖色光。

暖色光　　　　　中性色光　　　　冷色光
< 3300K　　　3300~5300K　　　> 5300K

▲ 色温

（2）照度

照度，又称为光照强度，通常用于表示光照的强弱和物体表面积被照明程度的量。

照度的单位是勒克斯，写作lx。

（3）显色指数

显色指数是一种描述光源呈现物体真实颜色能力的量值。光源的显色指数越高，其颜色表现就越接近理想光源或自然光。显色指数最低为 0，最高为100，通常灯泡外包装上有显色指数值的标示，一般平均显色指数在 80 以上的基本上都算是显色性佳的光源。显色指数常用Ra表示。

（4）光通量

光通量是对人视觉所感受到光辐射功率大小的度量，简单而言，是指单位时间内，由一光源所发射并被人眼感知的所有辐射能量的总和。常用Φ表示，光通量的单位为流明，写作 lm。

（5）亮度

亮度表示发光面的明亮程度，指发光面在指定方向上的发光强度与发光面在这一指定方向的视面积（视面积指发光面在该方向之垂面上的投影面积）之比。常用L表示。亮度的单位是坎德拉每平方米，写作cd/m^2。

（6）发光效率

发光效率是一个光源的参数，它是光通量与功率的比值。发光效率指光源每消耗1W电所输出的光通量，常用 η 表示。发光效率的单位是流明每瓦，写作 lm / W。

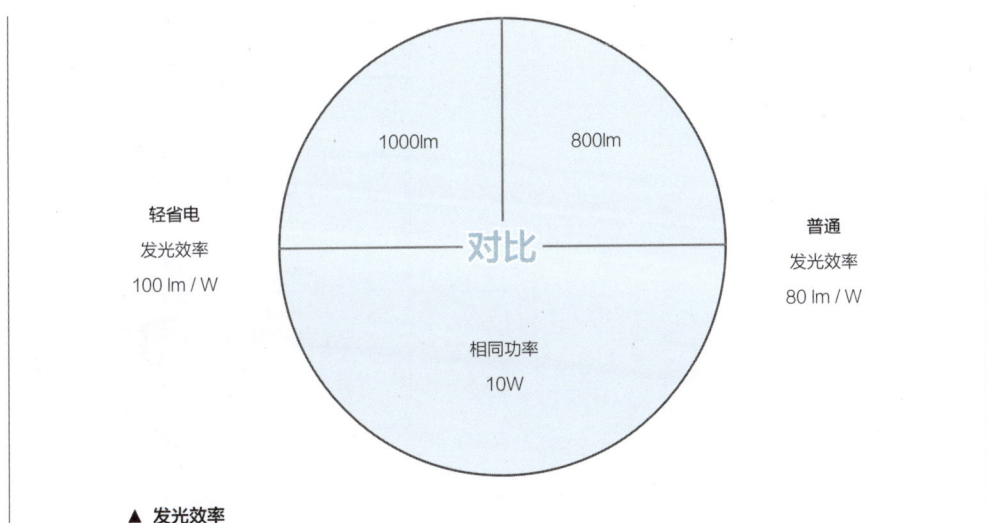

▲ 发光效率

二、室内照明灯具分类

要想运用好光线，首先要清楚各类灯具的特征。因为即使灯具种类相同，也会存在配光方式不同、风格不同等问题。想要设计出好的照明系统，那么对灯具的了解必不可少。

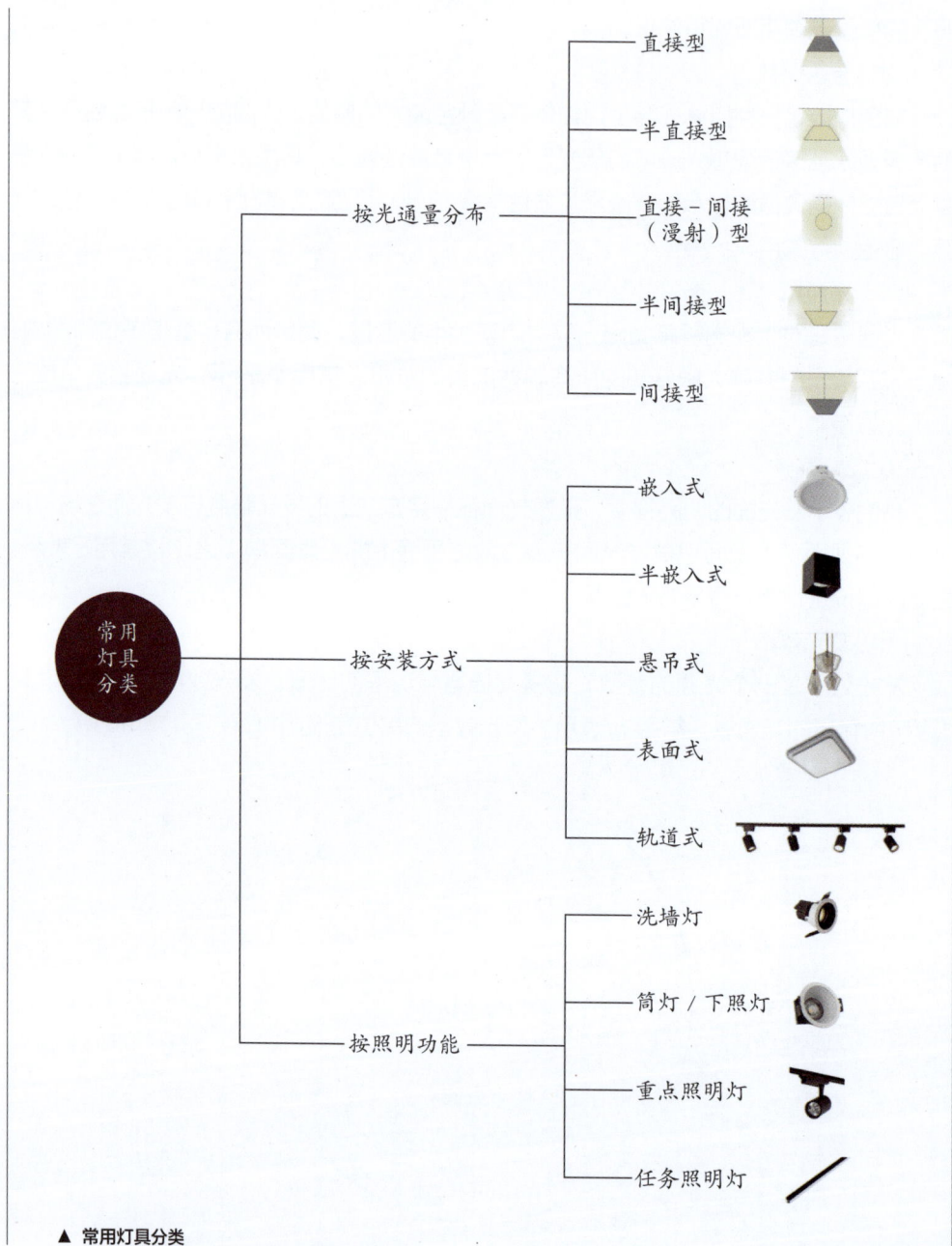

▲ **常用灯具分类**

1. 按光通量分布分类

　　根据灯具光通量在上、下半个空间的分布比例，国际照明委员会（CIE）推荐将一般室内照明灯具分为5类：直接型灯具、半直接型灯具、直接－间接（漫射）型灯具、半间接型灯具和间接型灯具。灯具光通量分布的差异对照明效果影响很大，是满足功能要求和追求居住空间氛围所需考虑的重要因素。

　　（1）直接型灯具

　　直接型灯具下射光通量占90%以上，属于最节能的灯具之一，适用于只考虑水平照明的工作或非工作场所。直接型灯具的光通量和光强分布如表3-12所示。

表3-12　直接型灯具的光通量和光强分布

光通量 /%		光强分布
上半球	下半球	
0 ~ 10	90 ~ 100	

（2）半直接型灯具

半直接型灯具上射光通量在40%以内，下射光供工作照明，上射光供环境照明，可缓解阴影，使室内有适合各种活动的亮度。因大部分光供下面的作业照明，同时上射少量的光，从而减轻了眩光，是最实用的均匀照明的灯具，广泛用于高级会议室、办公室，不适合用于很注重外观设计的场所。半直接型灯具的光通量和光强分布如表3-13所示。

表3-13　半直接型灯具的光通量和光强分布

光通量 /%		光强分布
上半球	下半球	
10 ~ 40	60 ~ 90	

（3）直接-间接（漫射）型灯具

直接-间接（漫射）型灯具上射光通量与下射光通量几乎相等，直接眩光较小，一般适用于要求高照度的工作场所，能使空间显得宽敞明亮。例如，餐厅与购物场所，不适合用于需要显示空间处理有主有次的场所。直接-间接型灯具的光通量和光强分布如表3-14所示。

表3-14　直接-间接型灯具的光通量和光强分布

光通量 /%		光强分布
上半球	下半球	
40 ~ 60	40 ~ 60	

（4）半间接型灯具

半间接型灯具上射光通量超过60%，但灯的底面也发光，所以灯具显得明亮，与顶棚融为一体，看起来既不刺眼，也无剪影。一般用在需增强照明的手工作业场所，但要避免用在楼梯间，以免产生眩光。半间接型灯具的光通量和光强分布如表3-15所示。

表3-15　半间接型灯具的光通量和光强分布

光通量 /%		光强分布
上半球	下半球	
60 ~ 90	10 ~ 40	

（5）间接型灯具

间接型灯具上射光通量超过90%，因顶棚明亮，反衬出了灯具的剪影。灯具出光口与顶棚距离不宜小于500mm。间接型灯具适合用在显示顶棚图案、高度为2.8~5m的非工作场所的照明，或者用于高度为2.8~3.6m、视觉作业涉及反光纸张、反光墨水的精细作业场所的照明，但是不适合用在顶棚无装修、管道外露的空间，或视觉作业是以地面设施为观察目标的空间及一般工业生产厂房。间接型灯具的光通量和光强分布如表3-16所示。

表3-16　间接型灯具的光通量和光强分布

光通量 /%		光强分布
上半球	下半球	
90 ~ 100	0 ~ 10	

2. 按安装方式分类

室内照明灯具按照安装方式可分为固定式和可移动式灯具两大类，固定式灯具又可以分为嵌入式灯具等。

（1）嵌入式灯具

嵌入式灯具一般安装在吊顶上方，几乎完全隐藏在视线外，通过开孔来出光。有些嵌入式灯具可以嵌在墙里或者地面。它适用于低顶棚但要求眩光小的照明场所。

嵌入式灯具的特点有：一是与吊顶系统组合在一起；二是眩光可控制；三是顶棚与灯具的亮度对比大，顶棚暗；四是安装费用高。

▲ 嵌入式的筒灯表面基本与顶面齐平，不会有凸出来的感觉，安装在沙发背后可以加强对沙发背景墙的照明，从而突出墙面的装饰，制造空间焦点

（2）半嵌入式灯具

灯具部分安装在吊顶上方，其余部分可以看到。有时候半嵌入式灯具有部分安装在墙内，露出部分用来做投光。少数情况下会有半嵌入地面安装的灯具。它适用于低顶棚但要求眩光小的照明场所。

半嵌入式灯具的特点有：一是眩光可控制；二是顶棚与灯具的亮度对比大，顶棚暗；三是费用较高。

▲ 半嵌入式筒灯可能在顶面留下外框，如果外框是白色，那么可以与白色顶面融合，保证顶面整体感；如果外框是黑色且顶面没有额外的造型设计，那么反而可以给顶面增加色彩的对比，让顶面更具变化性

（3）悬吊式灯具

悬吊式灯具的接线盒通常是嵌入安装在天花板吊顶里，不过灯具本体是从天花板上悬吊下来的，有的用吊杆，有的用链子，也有的用线缆。悬吊处要加一块盖板，以达到隐藏效果。悬吊式灯具适用于顶棚较高的照明场所。

安装悬吊式灯具的目的是让光源离被照面更近，或是为了提供一定的上投光照亮天花板，或两者兼有。有时候，安装悬吊式灯具只是为了装饰。在天花板较高的空间，并不一定要安装悬吊式灯具以降低光源高度（这样做会让吊灯本身成为空间里主要的视觉元素），而是可以在天花板安装光束角更集中的灯具。

悬吊式灯具的特点有：一是光利用率高；二是易于安装和维护；三是有时会使顶棚出现暗区；四是费用低。

▲ 可以在床头两边各安装一个吊灯，从而拉近顶面与地面的距离，也让光线不会刺入眼中，带来非常柔和、舒适的休息氛围

（4）表面式灯具

表面式灯具是安装于天花板、墙面或地板表面的灯具。如果允许，那么接线盒还要藏到天花板或墙面里，让整体外观显得干净，否则，接线盒就要明装了。无论哪种情况，灯壳都要部分或全部遮挡住接线盒。表面式灯具适用于低顶棚照明场所。

表面式灯具的特点有：一是会使顶棚较亮；二是会使房间明亮；三是眩光可控制；四是光利用率高；五是易于安装和维护；六是费用低。

▲ 白色的吸顶灯并不会占用过多的上部空间，反而有一种小巧、精致的装饰感

（5）轨道式灯具

轨道式灯具可以嵌入安装、表面安装，也可以悬吊安装。轨道本身既提供了灯具的支撑，又提供了电气连接，灯体上附加一个变压器就可以通电。轨道式安装灯具的好处主要是安装灵活，尤其适用于被照物和被照面经常变动的空间，多见于博物馆或画廊。

轨道式灯具的特点有：一是轨道本身既提供了灯具支撑，又提供了电气连接；二是安装灵活。

▲ 对于极简风格的客厅来说，轨道筒灯既有实际的照明作用，也有装饰效果

3. 按照明功能分类

灯具根据照明的功能又可以分为 4 类：洗墙灯、筒灯 / 下照灯、重点照明灯、任务照明灯等。

（1）洗墙灯

洗墙灯是一种提供相对均匀的类似"洗亮"照明的灯具，通常是对墙面进行照明，有时也照亮天花板。在中等大小的房间里，墙面是视野中最主要的元素，所以洗墙照明成了照明设计中的重要手法。为了避免被照立面的顶部产生高亮反射，墙面通常需要做亚光处理。太过光滑的墙面无法使用这种照亮手法，因为大部分照墙的光线会被

反射到地面和天花板上，使墙面并没有被强调。

（2）筒灯/下照灯

筒灯/下照灯的光分布是由上而下的，通常呈轴对称排列。筒灯/下照灯一般在大型空间内大量使用，以提供均匀明亮的照明环境，同时给水平面提供基本的照度。

▲ 沙发上方设立了一排筒灯，从上而下的光线照亮了沙发背景墙的同时，又能为沙发区域提供均衡的光线

（3）重点照明灯

可调角度的重点照明灯可产生非对称的聚光对准一个或多个物体。这类灯具通常采用方向性光源，这类灯也叫作射灯，其作用是给被照物体提供聚焦光，同周围背景形成强烈对比。无论是什么样的安装方式，可调角度的重点照明灯的外罩通常都设计带有防眩光遮光片，避免人眼直接看到光源。不过，廉价的灯具可能缺少眩光控制，光源的直射眩光会令人不适。当用来照亮艺术品或其他更大的物体时，重点照明灯可能会配上线性拉伸透镜以改变配光，让光斑边缘更为柔和。线性拉伸透镜通常都由硼硅酸玻璃制成，一般设计成专门拉伸某个方向的光束的形式。如果没有拉伸透镜，那么，这种灯具照射出的是对称的圆形光斑，专门聚焦在小体积的物体上。

▲ 对于展示空间而言，可调节的重点照明灯能够多方位、多角度地为展品提供聚集的光线，从而更好地突出展品

（4）任务照明灯

任务照明灯让光源距离被照面很近，通常是为了对工作面的照度进行补充，因为天花板照明系统的照度可能不够，也有可能由于遮挡造成了阴影，此时就需要用到任务照明灯。局部的任务照明灯通常效率很高，因为光源离被照面很近，所以只需要消耗很低的功率。任务照明灯提供的照度能够满足精细的纸面文字工作，同时环境照度只需要维持相对较低的水平，以保证视觉舒适度。任务照明灯通常安装在橱柜或书架下方、工作面的正上方，这个位置会造成反射眩光，特别是在工作面上会形成光幕反射，解决方法就是使用光学透镜，阻拦垂直光线，让其转向侧面投射到工作面，去除光幕反射。

▲ 任务照明灯

三、室内采光照明在不同空间的配置与应用

1. 玄关

玄关是步入住宅的第一个功能空间，也彰显了整个住宅的文化、品质。玄关的照明氛围最好能与整体空间风格相一致。玄关照明除了为整个玄关提供环境照明，还兼有一定的装饰照明作用。玄关的照度不用太高，可以看清物品或访客即可。如果玄关的照明氛围突出，可以给人留下比较深刻的印象。

（1）玄关一般照明设计

玄关的一般照明宜采用提供均匀照度的照明方式，照度值不宜过高。玄关一般照明光源为暖色调或暖白色调。

▲ 对于面积较小的玄关而言，不会占用空间的筒灯作为一般照明，既可以提供足够的照度，又能很好地融入空间中，带来简洁的装饰效果

▲ 玄关的整体照明要能保证主人和访客能互相看清彼此的脸庞，因此装设位置最好靠近门

（2）玄关局部照明设计

玄关局部照明以重点照明为主，主要是对墙面造型、墙面挂画、陈设品的照明，其作用是为装饰品增添光彩，同时起到引导的作用。玄关的局部照明不宜超过两个，否则会令局促的空间显得过于喧闹，破坏空间氛围感。

因为局部照明点的数量和位置的设置要与装饰内容相结合，所以通常玄关不宜设计超过两个重点装饰部位。可作为玄关局部照明的灯具种类很多，一般来说主要是射灯、壁灯，也可以采用暗藏灯带的形式。光源选择主要是暖色调的卤素灯和暖白色荧光灯。

◀ 暖黄色的暗藏灯带照亮玄关两边的墙，使用木饰面修饰的墙面看上去更加温暖，也让玄关的氛围变得温馨

▲ 玄关柜上下可以安装照明灯具作为间接照明，如果在下方装设间接照明，装设位置大约距离地面300mm

▲ 玄关处有装饰柜，可以在柜子附近或上方安装集中配光的筒灯，照射装饰品，营造迎客气氛

（3）玄关照明灯具选择

灯具的选择和布置要符合室内装修风格，通常以顶部供光灯具为主，宜选择光通量和分布角度较大的照明工具，例如筒灯、吸顶灯、吊灯、反光灯槽、反光顶棚灯。但是，玄关不宜采用过多的照明形式，最好不要超过两种，灯光效果多样化会使玄关照明显得杂乱，并且给人喧宾夺主的感觉。

◀ 反光灯槽使用时，不可作为主光源，这是因为普通反光灯槽的光利用率低，要获得适宜的亮度，需要其达到很高的照度水平，这样容易在顶面形成反光灯槽光线辐射区域与其他区域的强对比，产生眩光效应。所以，反光灯槽宜作为主光源的辅助照明，或作为装饰照明使用

◀ 对于简单装修的玄关，通常可通过一盏主灯，或者根据面积采用多只筒灯来提供一般照明，既满足提供均匀照度的要求，又以简洁的照明组织方式实现了玄关空间过渡的作用

2. 客厅（起居室）

客厅是家人团聚和会客的场所，所以客厅的设计应充分显示业主的个性。由于其功能的多样化，要求照明设计方式灵活，能够根据不同的使用情况选择不同的照明效果。

（1）客厅一般照明设计

客厅一般照明起到环境照明和一定的装饰照明作用。通常，环境照明不需要过高的照度，但是由于客厅是住宅的主要空间，所以为了突出其主体地位，即使作为环境照明，也要适当提高客厅的总体亮度，因而要求客厅具有较好的一般照明照度水平。客厅一般照明宜选用顶部或空间上部供光的照明灯具，这样既可作为主照明单独使用，也可以与其他辅助照明结合使用。

▲ 一般照明只需要照亮整个客厅空间，不需要过于强调功能。客厅的主照明为客厅空间提供大量的采光光线，通常，发挥此功能的光源是顶面的吊灯或吸顶灯。客厅一般照明可以根据业主喜好的风格进行不同的搭配

（2）客厅局部照明设计

客厅局部照明既有工作照明的作用，又有装饰照明的作用。工作照明主要指为沙发阅读提供的照明，通常采用落地灯和台灯。从使用功能角度考虑，落地灯、台灯宜选择有遮光罩的款式，以获得更好的照明效果，选择时还要考虑遮光罩底口距地面的高度和照度水平。

▲ 喜欢沙发阅读的人，可以在沙发区域增加光线柔和、照度充足的小台灯或落地灯，补足阅读所需的照度，也让光线和灯饰营造角落风景，但需要注意的是，台灯或落地灯的遮光罩底口距地面的高度不应低于使用者坐下时眼睛的高度。台灯或落地灯的照度一般为 300~500lx，宜选用暖白色光源

（3）客厅照明灯具选择

客厅一般照明的辅助照明可以通过筒灯、射灯、反光灯槽等来实现。筒灯、射灯属于光通量分布相对集中的灯具，通常分布在天花板的周边，能够在墙面产生一定的光晕，起到丰富视觉效果的作用。

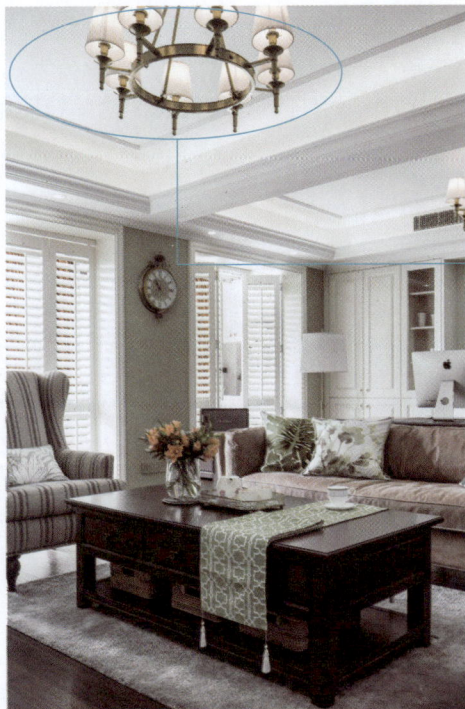

◀ 吊灯的装饰效果是所有灯具中最好的，只要一盏就能为客厅带来不同的感觉和氛围

· 向下发光的款式

向下发光的吊灯由于装有遮光灯罩，没有光线漏射到天花板，所以天花板上会比较暗，因此需要与间接照明灯具组合使用。向下发光的吊灯视觉上的装饰效果比较不错，而且能够保证垂直下方桌面的亮度。

· 整体发光的款式

整体发光的吊灯能照亮天花板，让空间整体都很明亮，通常是从天花板垂下来的款式，因此天花板的高度至少要有2400mm才够。

◀ 筒灯既可以作为一般照明使用，也可以作为局部照明使用。而作为一般照明使用时，需要均匀排布才能保证照度均匀，每个部分都能得到相同的光线

· 墙边3个+中央1个

将人的视觉集中于内侧墙上，增加视觉上的明亮感，墙上如果有装饰物的话，更能营造氛围。中央桌面上方也安装一个，能保证水平面的亮度。

· 4个角，每个角1~2个

等距离布置灯具，可以获得均匀的照度，但是照明没有主次，整体氛围比较单调。

3. 餐厅

在现代住宅中，餐厅环境氛围的好坏直接影响到人们食欲的好坏，因此，餐厅照明设计的重点是注重灯光的艺术化和就餐环境氛围的营造。

（1）餐厅一般照明设计

餐厅的一般照明要为餐厅提供环境照明，如果餐厅不太大，那么一般照明是可有可无的；如果餐厅面积较大，可以将射灯、筒灯、反光灯槽作为一般照明，为空间提供整体亮度，使空间显得明净、清爽。

▲ 装修风格和空间面积有关，当空间面积过小时，可以直接利用作为重点照明的餐桌局部照明提供一般照明

▲ 一般在餐桌处设置局部照明就足够了，如果空间较大，就需要设计一般照明，以免餐桌与周围亮度对比过于强烈

（2）餐厅局部照明设计

由于餐厅中的活动主要是围绕餐桌进行的，所以照明的重点区域也是餐桌。餐厅的局部照明包括对餐桌进行的重点照明，也包括对装饰画、陈设品等进行的装饰照明。餐厅局部的装饰照明灯具通常以窄光束筒灯、射灯为主，起到为餐厅增添层次感、渲染气氛的作用。

▲ 餐厅的局部照明除了餐桌上方的吊灯外，还有餐边柜附近的筒灯或射灯，这样餐厅的氛围会更加浓厚

（3）餐厅照明灯具选择

餐厅照明灯具的选择要集功能性、装饰性于一体，从灯具的体量、形态，材质等方面体现其在空间中的主体地位，并通过适宜的光源选择实现其功能价值。

因为餐桌的照明灯具具有空间位置确定性强的特点，即通常设在餐桌正上方，所以宜选用具有一定高度的垂吊式灯具，这样既利于光线照射针对性的体现，又可以使灯具与餐桌产生视觉上的完整性，增强区域感。餐桌灯的悬挂高度不宜低于 800mm，否则会遮挡视线。餐桌照明灯具应选择照度为 100lx 左右的显色性好的暖白色光源的灯具，或将暖白色光源与暖色光源相结合的灯具，以增强菜品的鲜嫩感，引起用餐者的食欲。

◀ 如果仅想使用吊灯照明的话，最好采用同时可获得间接照明效果的灯具，这样更能让餐桌显得突出

◀ 可以用射灯照射墙上的装饰物，由此获得餐厅高档的氛围感

4. 卧室

卧室为人们提供休憩和睡眠的场所，在对其进行照明设计时，要考虑到整体功能空间的设置情况，以及使用者年龄、兴趣爱好等差异。

（1）卧室一般照明设计

卧室一般照明是作为环境照明使用的，通常在组织方法方面不受使用者年龄差异的影响，具有一定的共性特点。在卧室中，宜在天花板的中心位置设置主照明，在周边位置根据需要设置反光灯槽、筒灯、射灯等其他常用辅助照明，以形成丰富的光照效果，增加空间的装饰感。

▲ 因为卧室一般照明主要作为环境照明存在，所以也可以不设主光源，仅靠其他照明手段提供一般照明，但需要对吊顶或局部吊顶进行光照处理

▲ 对于想要设置主光源的卧室，要对灯具的审美性和光效进行考虑，可以选择光线分布均匀的吸顶灯或垂吊灯具

（2）卧室局部照明设计

卧室不宜设置过多的局部照明，是因为繁杂的灯光环境会破坏卧室安静、平和的气氛。卧室局部照明主要是对主墙面造型、墙面挂画的装饰照明和满足不同附属功能需求的功能性照明。

◀ 卧室局部装饰照明不宜采用过高的照度，灯具以筒灯、射灯、反光灯槽为主，主墙面的装饰照明宜采用暗藏式灯带，这样既不会造成眩光，又具有塑造装饰造型体积感的作用

（3）卧室照明灯具选择

卧室灯具的材质与色彩要根据空间的风格而定，考虑与装修所用材料、色彩的协调性。选用垂吊式灯具时，要注意灯具体量和下垂高度的合理性，避免给人造成不安全感和压迫感。

◀ 吊灯和吸顶灯的位置一定不能在床头正上方的位置，这样光线会直接进入眼中，可以选择靠近床尾的位置

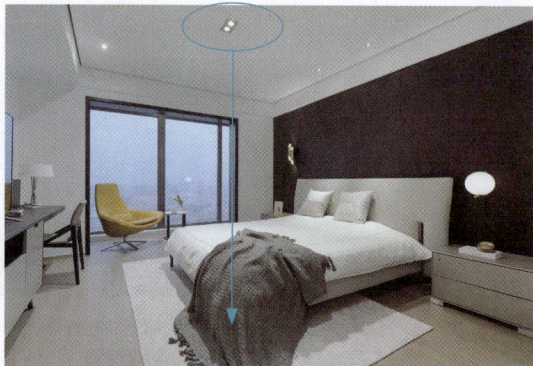

◀ 用筒灯作整体照明，最好选用扩散型光源，并且安装的位置也不要靠近床头

5. 厨房

厨房属于功能区域，是家务劳动比较集中的地方。厨房照明设计首先应该实现备餐的功能照明。随着人们对环境要求的提高，照明设计还应该尽量创造能够使人愉快地进行家务劳动的良好光照环境。

（1）厨房一般照明设计

厨房一般照明需要有足够的照度，以提高整个空间的亮度，确保工作的便捷与安全性。厨房一般照明通常以吸顶灯和防雾灯为主，不宜采用光源裸露式灯具，以防止因水汽侵蚀而发生危险或受油烟污染而难以清理。当一般照明不能满足操作台位置的照明时，应采取局部照明的形式进行照度的补充。

▲ 厨房是操作区域，照明设计主要为满足操作行为的照明需求。对于空间独立性不强的厨房，例如开放式厨房，应将其照明设计与餐厅空间的照明设计进行统筹考虑，以强调厨房与餐厅的关联性，但不应忽略操作照明的重要性

▲ 用筒灯作一般照明是厨房照明设计常使用的设计手法，筒灯不占用空间，又不用担心清洁问题，如果排布均匀，就能够提供比较均衡的照度

（2）厨房局部照明设计

厨房局部照明通常设在操作台的上方，可采用有遮光板的灯具，或与吊柜结合，隐藏于吊柜之内，以减少眩光。

▲ 在切菜、配菜部位设辅助照明，一般选用长条管灯设在边框的暗处，这样光线柔和而明亮。用基本照明照亮整个区域、利用局部功能照明来准备食物的组合能够获得最佳效果

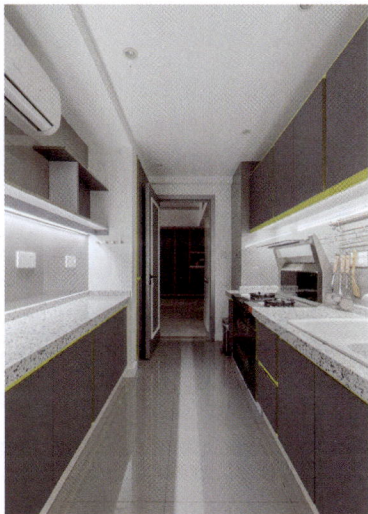

▲ 在需要洗菜、切菜与烹煮的厨房中，特别要强化亮度，因此嵌灯集中于橱柜中，再搭配间接照明以补足光源，可以使人看得更清楚

▶ 在吊柜下安装灯带，光线均匀又连续，照亮操作台面，背光也不怕切到手，真正做到台面无死角

（3）厨房照明灯具选择

厨房的直接照明光源可以选择白色荧光灯或带调光功能的LED筒灯等。如果只用一般照明的话，人站立的地方会形成阴影，导致人看不清操作台，所以也要有台面照明。台面照明一般设在吊柜下方，柜下灯要保证300lx左右的照度，一般照明100lx为最佳，这样才能保证做菜的时候看清楚台面。厨房照明灯具光源颜色最好选择白色，使空间有洁净感。由于柜下灯距离眼睛较近，为避免出现刺眼的问题，最好为柜下灯装设挡板，或是选择附带灯罩的照明灯具。

6. 卫生间

卫生间的照明设计主要突出功能作用，保证足够的照度，除此以外，也可以根据空间大小、风格来确定是否增加装饰性照明。

（1）卫生间一般照明设计

一般情况下，卫生间的一般照明由主灯提供。大多数家庭卫生间的主灯是和吊顶同时安装的，嵌在吊顶的一个或几个格子中；如果单独安装，多为均匀分布几个筒灯。

▲ 卫生间的一般照明尽量选择白光光源，这样整个空间会给人比较干净、明亮的感觉

▲ 对于面积较小的卫生间，一盏集成吊顶灯就能够满足整个空间的照明需求

（2）卫生间局部照明设计

卫生间的局部照明主要是洗漱区照明。通常可在洗漱区设置镜前灯，也可以在镜子上方设置反光灯槽或箱式照明。镜前灯应安装在镜子上方和视野60°立体角以外的位置，其光线应投向人的面部，而不应投向镜面，以免产生眩光。

（3）卫生间照明灯具选择

卫生间一般照明灯具通常采用磨砂玻璃罩或亚克力罩吸顶灯，也可采用防水筒灯，以阻止水汽侵入，避免危险的发生。一般照明灯具通常设置一盏，对于将洗漱区独立设置的卫生间，应配合分区情况加设灯具。

学习任务小结 ▶

通过本任务的学习，读者对于照明灯具的分类、室内照明方式和照明作用及不同空间如何利用灯光营造氛围，都有了一个详细的了解，选择合适的灯具可以为室内增添舒适感和美感。灯具的形状、颜色、功率和光线质量等因素都会影响室内的照明效果。

总之，合理的灯光布局可以为家居环境带来舒适、温馨的氛围，提高生活质量，同时也有助于提高工作和学习的效率。

▲ 卫生间的照明设计除了一般照明要有充足的照度外，最重要的是镜前的局部照明设计，要避免产生阴影

课后拓展 ▶

分小组讨论当下较流行的室内照明设计（例如无主灯设计），分析其概念、设计原则，并寻找相关的照明设计案例图片（至少2种）。

▲ 室内照明设计

任务3.6　居住空间陈设设计

学习任务导入

　　为了让家中充满艺术感，现如今，很多用户都会在居住空间内的各个角落放一些艺术类装饰品，与居住空间环境融为一体。在进行室内陈设的选择和布置时，首先要处理好陈设与家具之间的关系，其次就是陈设与周围环境的关系，使室内陈设表达出的艺术氛围成为人们精神享受的重要组成部分。

室内陈设设计

课前探讨

扫描二维码，观察对比其中的两张图，思考在相同的客厅空间中，为什么仅仅因为沙发、灯具、装饰品的不同，整个空间会呈现出截然不同的效果？如果想设计出不同风格的空间，那么空间中的这些陈设品应该如何选择？需要注意哪些原则？

课前探讨

学习任务讲解

一、陈设品的类别

1. 实用性陈设

实用性陈设如家具、家电、器皿、织物等，它们以实用功能为主，同时外观也具有良好的装饰效果。

（1）家具

家具是指在生活、工作或社会实践中供人们坐、卧、支撑或储存物品的器具，是居住空间设计中的一个重要组成部分。相对抽象的居住空间而言，家具陈设是具体生动的，起到对居住空间二次创造的作用，也起到了塑造空间、优化空间的作用，进一步丰富了空间的内容，具象化了空间形式。一个好的居住空间应该是环境协调统一，家具与室内环境融为一体、不可分割的。

▲ 家具主要表达空间的属性、尺度和风格，是室内陈设品中最重要的组成部分。家具可分为中国传统家具、外国古典家具、近代家具和现代家具

（2）布艺织物

布艺织物是室内装饰中常用的物品，能够柔化居住空间生硬的线条，赋予居室新的感觉和色彩。同时还能降低室内的噪声，减少回声，使人感到安静、舒心。其分类方式有很多，如以使用功能、设计特色、加工工艺分类等。室内常用的布艺织物包括：窗帘、床上用品、地毯等。

（3）灯具

灯具在居住空间中不仅具有装饰作用，同时还兼具照明的实用功能。灯具应讲究光、造型、色彩、质感、结构等总体的效应，以构成居住空间的基础效果。造型各异的灯具，可以令居住空间环境呈现出不同的容貌，创造出与众不同的居住空间环境；而灯具发出的光线既可以创造气氛，又可以加强空间感和立体感，可谓是居室内最具有魅力的情调大师。

▲ 布艺织物常给空间带来比较温和的装饰效果

▲ 灯具是提供室内照明的器具，也是美化室内环境不可或缺的陈设品

2．装饰性陈设

装饰性陈设品是指本身没有实用性，纯粹用作观赏的陈设品，包括装饰品、纪念品、

收藏品、观赏动物、盆景花卉等。纯观赏性物品不具备使用功能，仅作为观赏用，它们或具有审美和装饰的作用，或具有文化和历史的意义。

（1）植物

盆景花卉的装饰要注意与装饰风格的协调。中国传统的盆景花卉，重视意境创造和人文思想的传达；欧美国家喜欢将大型的盆栽植物置于室内，喜欢把不同颜色、不同花形的花插成一大丛，看起来既华丽又气派；日本人对插花非常讲究，无论形态、色彩还是构图，都要求能体现意境、表达禅意。

（2）艺术品

在居住空间中用于装饰的艺术品种类繁多，通常我们把绘画、书法、摄影等称为纯艺术作品，而将陶瓷、雕塑、景泰蓝、唐三彩、漆器或民间扎染、蜡染、布贴、剪纸等称为工艺品，它们都具有很高的观赏价值，能丰富视觉效果、装饰美化室内环境、营造室内环境的文化氛围。

▲ 新中式风格的居住空间可以通过摆放盆景来呼应风格

▲ 博古架与艺术品结合，达到美化空间的作用

二、室内陈设品的选择方法及陈设的基本原则

1. 陈设品的选择符合空间的体量

陈设品的尺寸、体量与空间的大小、氛围相匹配，初学者在做陈设品的搭配时往往对空间的大小与氛围无法准确把控，导致陈设品选择不适宜。体量变化是一切美感的根本，是反复、韵律、和谐的基础，也是比例、平衡对比的根源，组织有规律的空间形态可以产生井然有序的美感。

▲ 家具和灯具上都有"圆弧形"造型，搭配起来协调而统一

119

2．陈设品的风格与空间风格匹配

在选择陈设品时，可以一定的风格为主调，所有的陈设品在色彩、造型、材质、肌理上按照某一种风格进行搭配，以使得空间主题明确，更加具有统一性。

▲ 欧式风格的花艺、对称的装饰画都是欧式风格的陈设品，这与整个空间的风格相呼应

3．按照形式美的法则摆放

（1）和谐统一

陈设的选择要在满足功能的前提下和室内环境相协调，形成一个整体。和谐含有协调之意，和谐包括陈设品品种、造型、规格、材质、色调的选择要和谐，也包括摆放时要使室内环境给人带来心理和生理上的平和、舒适、温情等。

（2）层次与呼应

色彩从冷到暖，明度从暗到亮，陈设品造型从小到大、从方到圆、从高到低、从粗到细，质地从单一到多样、从虚到实等都可以形成富有层次的变化，通过层次变化，丰富陈设效果，但必须使用恰当的比例关系和适合环境的层次需求，采取适宜的层次处理会产生良好的观感。在陈设品的布局中，陈设品之间和陈设品与天花板、墙面、地面及家具之间要相互呼应以达到一定的艺术效果，其中呼应包括相应对称、相对对称等。

▲ 陈设品的色彩虽然鲜艳，但因为取自家具色彩，所以空间很有整体性，并且大小不一的玻璃摆件与小巧的花艺都丰富了空间的层次感

学习任务小结 ▶

　　在本任务的学习中，读者重点了解了什么是室内陈设、室内陈设品如何选择，以及选择时需要注意的原则。

课后拓展 ▶

　　分小组搜集整理不同风格的陈设品，并运用PPT进行展示，相互交流进一步了解居住空间的陈设。

思考与实训 ▶

　　运用思维导图分析某一个居住空间的造型设计、色彩及材料的设计。

▲ 居住空间

技能习得与提升篇

模块4 方案构思

任务说明　通过本模块的学习，能够在详细了解客户需求的基础上，独立进行定点、定位、定量的现场测量，能够徒手绘制平面户型图，并能运用CAD完成平面图的绘制

知识目标　1. 了解项目洽谈与沟通的技巧

2. 熟悉现场观察、徒手绘图和现场测量的方法

3. 掌握居住空间方案推理和创意设计的方法

能力目标　1. 能够运用洽谈技巧，礼貌接待客户，深入了解客户意向与需求

2. 能够独立进行现场测量并徒手绘制平面户型图，能够运用CAD完成平面图的绘制

素质目标　1. 培养以人为本的服务意识

2. 培养环保生态的意识

3. 培养相互合作的意识

评价标准　1. 专业知识掌握程度占30%

2. 实际应用能力占50%

3. 职业素养及态度表现占20%

任务4.1 居住空间的项目接洽与沟通

　　其实居住空间设计师在有一定的设计工作经验后，要想超越同行，最重要的就是有与客户深度沟通的能力。但是一些设计师每次与甲方沟通时都容易遇到问题，特别是当甲方希望能更深度地参与到设计中，意见多的时候会让项目进展变得困难。一个项目中的"确认甲方需求""量房""前期调研""概念沟通""方案沟通""交付沟通"等过程，都是要设计师直接与甲方对接的。只有清楚了解甲方的想法，深度沟通，并让甲方参与到整个设计流程中，才能使工作更高效，真正把设计做好。

课前探讨

小组之间讨论一下如何正确与客户交流，试着分析客户心理并总结出与客户沟通的方法。

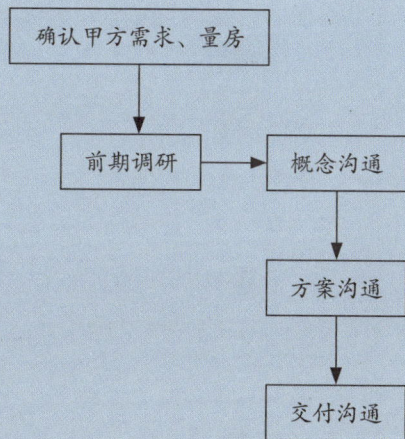

```
确认甲方需求、量房
        ↓
前期调研 → 概念沟通
              ↓
           方案沟通
              ↓
           交付沟通
```

学习任务讲解

一、怎样提高洽谈沟通的能力

　　（1）了解居住空间设计行业和居住空间设计市场的特点及优势，特别是居住空间设计市场吸引客户的举措。

做会营销的设计师怎么破　　做彬彬有礼的设计师怎么破

　　（2）了解其他装饰公司，特别是竞争对手的基本情况，把握其优势及劣势。

　　（3）对自己所在的公司全面了解，全面把握公司的特点、优势，从程度上讲掌握得越细、越深刻，就越好。善于利用公司在居住空间设计市场上的各种优势及条件。

　　（4）加深对自己的认识，主要从沟通洽谈能力、专业技能、服务质量、责任心等

123

方面，找出自己的长处与不足，给自己合理的定位，明确自我提升的方向，要有战胜自我的意识。

（5）通晓常用装饰材料的特点、价格，掌握复杂装饰物的工艺做法、用工量及各工种的日价格。了解新型装饰材料及使用的流行趋势，了解家居的建筑结构和空间变化等。

（6）了解不同时期客户的不同需求，准确把握客户的心理，有针对性地补充这方面的知识。

（7）结合自己的优势，善于使用沟通交流的多种方式。沟通时耐心、真诚、不卑不亢，既稳重大方又热情随和。

（8）充分利用居住空间设计市场和公司的软硬件资源，资源共享。如总部的场所、计算机、车辆及其他一些可利用的资源。

（9）通过沟通体现自身的价值，沟通直接关系到签单的数量，是公司利益和个人利益多寡的前期尺度。没有良好的沟通就会限制自我的生存空间和发展空间，要把沟通当作一门学问来研究把握。

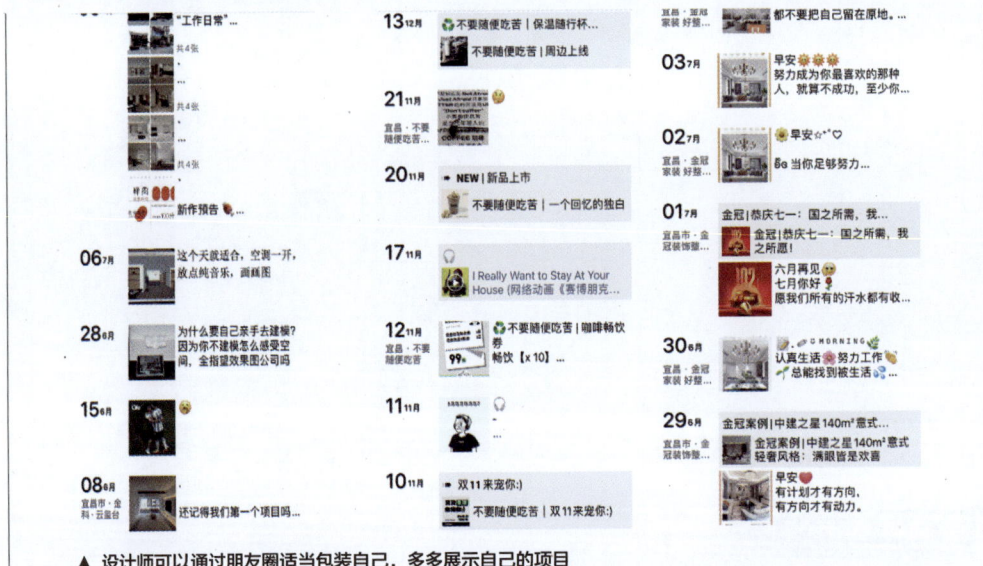

▲ 设计师可以通过朋友圈适当包装自己，多多展示自己的项目

（10）提供"优质服务"是每个设计师必须了解并努力的方向，它包括：售前、售中、售后的全程服务意识。

二、注意与客户的谈单技巧

学会尊重客户，面对客户的礼仪是商务场合中非常重要的一部分，它关系到企业形象和谈单合作的顺利进行。我们需要注意以下几点。

现场谈单案例

1．尊重与礼貌

在与客户交往时，我们要始终保持尊重和礼貌。不管客户的地位或身份如何，我们都应该对他们保持客气和尊重的态度。这包括称呼客户的时候使用尊敬的称谓，例如

先生或女士，避免使用不当的称呼或亲昵的称呼。同时，在交流中要注意用语和语气，不要冒犯客户或使用不适当的言辞。

2. 专业形象

专业的形象是吸引客户的重要因素，因此我们在与客户接触时要注意自己的仪表和穿着。穿着要得体整洁，符合场合的要求。同时，我们的言行举止也要符合职业规范，避免在客户面前做出不适当的行为或言论。专业的形象可以给客户留下良好的印象，有助于建立信任和合作的基础。

3. 保持诚信

诚信是商业活动中最基本的道德准则之一。我们要始终保持诚信，遵守承诺和合同规定，不轻易违约或失信。如果遇到问题或困难，要及时与客户沟通，并提出解决方案。诚信的表现不仅可以赢得客户的信任，也有助于建立长期稳定的合作关系。

4. 保护客户信息

在商务活动中，客户信息的保密是非常重要的。我们要妥善保护客户的隐私和商业机密，不得泄露客户的重要信息。在处理客户信息时要注意安全性和保密性，采取适当的措施防止信息的泄露或滥用。

5. 及时回应客户需求

客户的满意度是企业发展的关键因素之一。我们要时刻关注客户的需求，并及时回应。无论是产品质量问题、服务投诉还是其他需求，我们都要积极主动地解决，并及时向客户反馈处理结果。及时回应客户需求不仅可以解决问题，也能够展示我们的专业度和负责任的态度。

业主需求分析

与客户的谈单过程如表4-1所示。

表4-1 与客户的谈单过程

步骤	目的	准备内容
第1次接触	了解客户的个人、家庭状况及对装修的总体要求，与客户约定测量房子	1. 了解客户的基本情况及生活习惯 2. 通过"问"，了解家装客户的真实需求，特别是潜在的需求，并做好记录
测量	1. 详细精准地测量客户房子的尺寸 2. 详细询问并记录客户的各项要求，针对自己较有把握处提出几点建议	1. 测量工具、笔、手绘本 2. 适当分析户型
第1次洽谈	1. 了解客户的基本需求并互相交流意见，达成初步的平面空间规划与布局 2. 了解清楚客户本次装修的预算	1. 能体现自己公司实力的画册样本 2. 自己的主要代表作品（包括设计作品和工程照片等） 3. 初步的平面设计图 4. 设计草图和设计工具 5. 计算机（保存企业资料）和电子计算器、预算纸 6. 设计或工程收费报价单（有关的专业定额文件、资料）

步骤	目的	准备内容
第 2 次洽谈	协调平面规划，确定并完善设计布局和思路	1. 修改后的平面设计图 2. 天花板设计图及主要立面设计图 3. 重要节点剖面图 4. 重点装饰空间计算机透视效果图 5. 主要饰材样品 6. 参考资料（画册和图片或计算机演示图片） 7. 设计工具和草图纸 8. 计算机
第 3 次洽谈	确定所有细部设计，完成施工图设计，初步确定预算	1. 详细的平面、立面、顶面施工图和细部节点施工图（说明材料和尺寸规格） 2. 材料清单及分析表 3. 色彩和陈设品计划 4. 调整后的效果图 5. 初步预算协调 6. 工程工期协调 7. 参考书籍等
第 4 次洽谈（也可以与第 3 次洽谈一起）	确定工程预算、工程进度和施工方案，签订工程合同	1. 全套施工图 2. 工程预算书 3. 施工方案及工期进度表 4. 正式合同文本（一式三份）

注意

① 不要盲目估计总造价，先要了解客户心里的底价。

设计师要注意的是：一是一定要充满诚意，二是要时刻站在客户的角度来思考问题和说话，无论高档还是低档装修，都要实实在在地让客户明白其中费用高低的原因，做到"明明白白装修"。因此，设计师在了解客户预算时，最好从问他们"要做什么"和"打算怎样做"来入手。不管采用何种方法，装修前，总得要预估出一个总金额。

② 清楚客户能够承受的装修标准。

一般来说，装修标准要和客户的地位和收入相符，家庭经济收入和社会地位决定了其选择的装修标准。绝大部分客户都希望用最少的钱达到最佳的装修效果，设计师一定要让客户感到为他们提供的设计方案和装修施工"物有所值"，这是设计师提高接单成功率的关键。

③ 方案设计时，要据客户的身份、爱好进行大概定位再设计。

家庭装修风格近年来趋向多元化发展，不仅受我国传统建筑风格、西方风格和地域特性的影响，更受客户的个性，家庭成员的兴趣爱好、年龄、职业等因素的影响。设计师应充分尊重客户的想法，耐心倾听，用心去理解客户。一般来说年轻，从事艺术行业的家庭较易接受现代派潮流和时尚的风格，传统的家庭较易接受传统稳重的风格。

④ 每次谈方案必须确定一些项目。

在每一次会谈时要能确定一些项目，比如面板、地面、家具的设计等，切勿一次一次地犹豫，从而浪费时间。有时甚至需要略带强制性地要求客户确定一些方案，因为很多客户对方案会一直犹豫不决，这时可以告诉客户如以后再有变动再做变更。

⑤ 初谈方案过后，客户要求细化方案，这时就进入委托设计阶段，报价也要在此时做出。

⑥ 细化方案时，要做好与效果图绘制者的交流。

⑦ 细谈方案，一般要做 3~4 次修改。

⑧ 签合同时，做好详细的工艺质量说明。

工艺质量说明不只是给客户的，也是给自己的一份详细的资料。施工工艺不明之处要请教工程部，切勿模糊带过。

学习任务小结

通过本任务的学习，读者对于如何提高洽谈沟通的能力、适当地包装自己，并培养与客户的谈单技巧，都有了基本的了解。在后续的实战中，面对客户，希望大家可以更好地将理论与实践相结合，通过语言的魅力让客户认可你的设计想法。

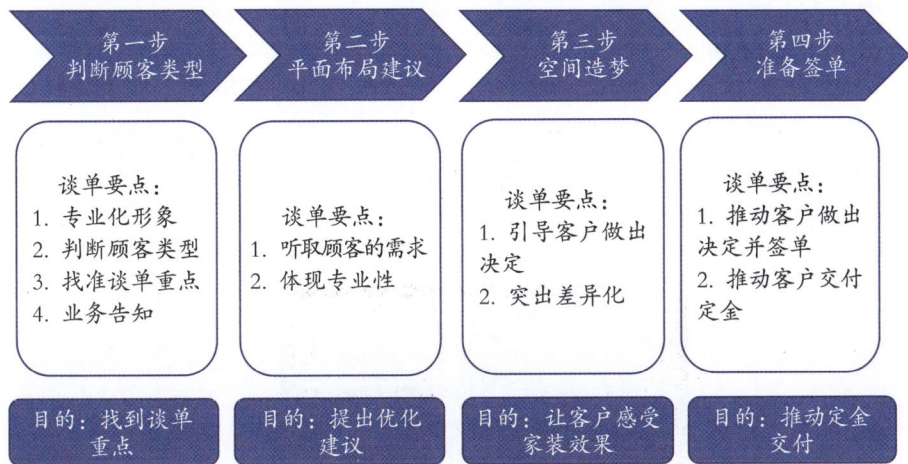

第一步 判断顾客类型	第二步 平面布局建议	第三步 空间造梦	第四步 准备签单
谈单要点： 1. 专业化形象 2. 判断顾客类型 3. 找准谈单重点 4. 业务告知	谈单要点： 1. 听取顾客的需求 2. 体现专业性	谈单要点： 1. 引导客户做出决定 2. 突出差异化	谈单要点： 1. 推动客户做出决定并签单 2. 推动客户交付定金
目的：找到谈单重点	目的：提出优化建议	目的：让客户感受家装效果	目的：推动定金交付

▲ 谈单思路

课后拓展

地理位置分析：本项目的房子在××市××小区，在 28 楼，房屋周围环境不错，小区配套设施比较完善，小区道路组织合理，有休闲设施，居住环境自然、舒适。

环境分析：房子在高层，四周没有障碍物遮挡，通风采光相对较好，受噪声的影响较小，装修设计时可以不用过多考虑室外噪声对室内的影响。房屋周围环境良好，阳台外自然风景美丽、空气清新舒适，保留原阳台做休闲阳台完全没问题。

房型、朝向、采光、通风及结构：三室两厅一厨一卫的小户型，建筑面积不大，仅86.79m²。户型从北向南进入，朝南，不通透，室内通风不理想。整体平面比较规整，可以进行内部自由分割，面积利用率高。

客户家庭中每个成员的基本情况和需求：客户家庭是三口之家，家庭成员有男女主人和 3 岁的男孩，没有父母同住，父母在附近有房，偶尔来看看小孩，不留宿。从家庭成员来看，至少需要两间卧室，即主卧和儿童房；父母偶尔会过来看看小孩，故客厅、厨房、餐厅的使用率较高，沙发、餐桌要有充足的座位，考虑5~6人位。男主人是银行职员，女主人是小学教师，男女主人平时的兴趣爱好是阅读，从主人的工作性质和兴趣爱好分析，独立的书房空间是很有必要的。第一是考虑设计独立的阅读空间，第二是卧室床头需要安装台灯、书架。

客户对装饰风格的需求：男女主人年龄都为31岁，有稳定的收入，平时工作压力大。男女主人都是年轻人，故空间内的色彩、材料和装饰都应该要考虑年轻人的喜好。家庭应该营造简单大方、舒适、休闲和放松的氛围。

客户本次的装修预算：准备花20万元来装修自己的新居，北欧风格符合他们的要求，在追求简约的同时，把更多注意力集中在了材料、工艺这些最为实用的元素上，简约而不简单。

客户其他需求：进门的地方想做一组鞋柜，有一间房作为书房，小孩房要有书桌；卫生间最好能干湿分区；飘窗想利用起来。

有一点必须注意的是，客户往往不能一次性表达清楚自己需要什么，不需要什么，设计师要引导他们说出自己的真实需求，然后尽可能高出客户的需求来做设计。如进门的鞋柜，我们可以做一组既有隔断功能又有鞋柜功能的柜子，飘窗可以利用起来，改造成书桌，这样既有了休闲空间，飘窗空间也不会浪费。

房子的原始框架图如下：

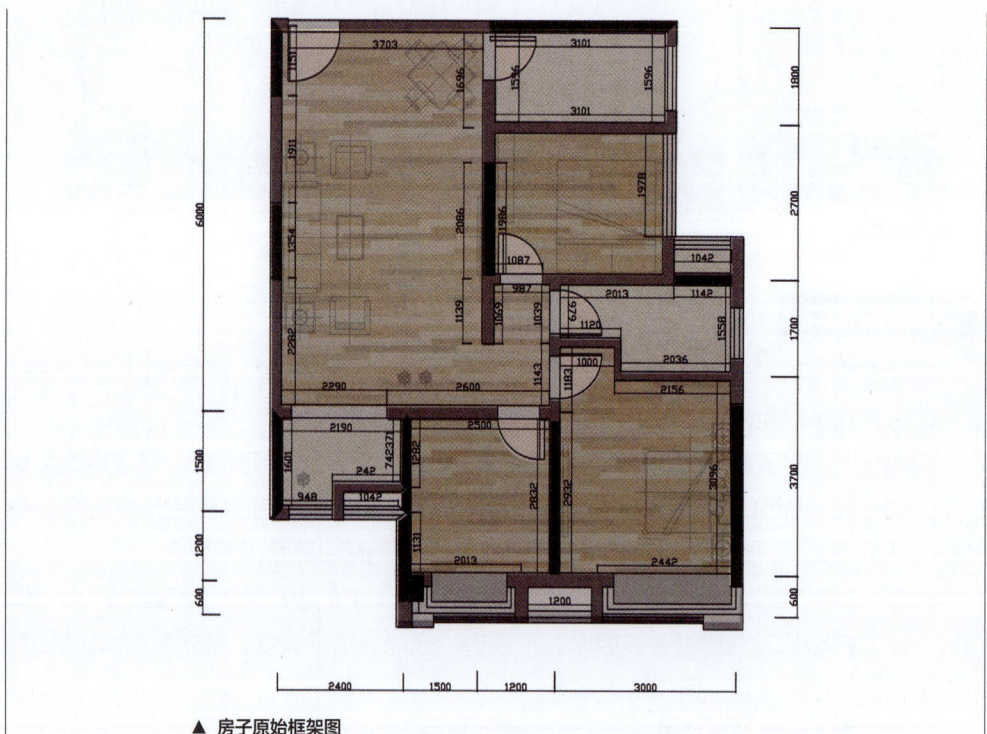

▲ 房子原始框架图

课后作业：根据客户的基本情况与需求，按要求为其设计，完成平面设计图，并用一段500字左右的文字阐述自己的设计思路。

任务4.2 居住空间现场勘测与量房

▌学习任务导入 ▶

　　设计师带着设计助理一起预约客户到毛坯房现场去。一般会由助理进行画图、量房，由设计师与客户进行现场沟通，询问客户装修要求，包括设计风格要求、装修花费、家庭成员、工作、爱好等，设计师通过分析客户要求，很快提出合理建议，作出房屋的结构规划。这一阶段，设计师的初步设计构思会与客户的心理设计蓝图相互碰撞融合。

量房

> **课前探讨**
>
> 1. 你知道的设计师的工作内容有哪些？你对哪些工作内容存在疑问？
> 2. 设计师量房时需要携带什么东西？在现场时要注意什么？

▌学习任务讲解 ▶

一、现场测量的步骤与要点

1. 准备工作

　　复印好1∶100或1∶50的建筑框架平面图2张（小空间可一张完成），一张记录地面情况，一张记录天花板情况，并尽可能带上设备图（如梁、管线、上下水图纸等）。如果没有原建筑平面图纸，则应带A3白纸，现场徒手画平面图。

▲ 建筑平面图

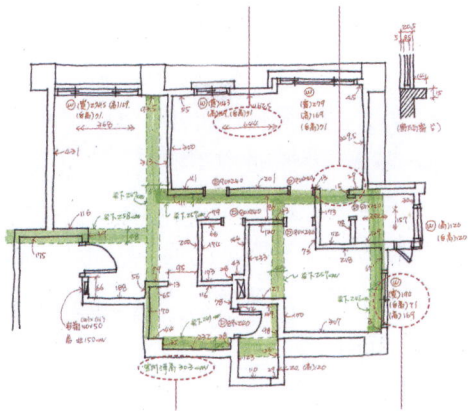

▲ 手绘平面图

　　备带卷尺（5m以上）、皮拉尺、铅笔、红色笔、绿色笔、橡皮、涂改液、数码相机、测距仪等相关工具。穿行动方便的运动服装、硬底鞋（工地可能会有许多突发情况，避免受伤）。在工地中一定要注意安全，避免建筑材料划伤自己。如果进入在建新房现场，应佩戴工地安全帽。

2. 进行测绘

量房图分为单线、双线两种，在日常量房的过程中，为了快速量房，大都会采用单线来绘制量房图。

（1）房屋整体测量绘制

巡视一遍所有的房间，了解各区域的结构，观察并确定建筑位置、结构形式、朝向、外围环境、窗外视觉效果、光照、通风、噪声等情况。做好文字记录并照相。

现场实地勘测与绘图

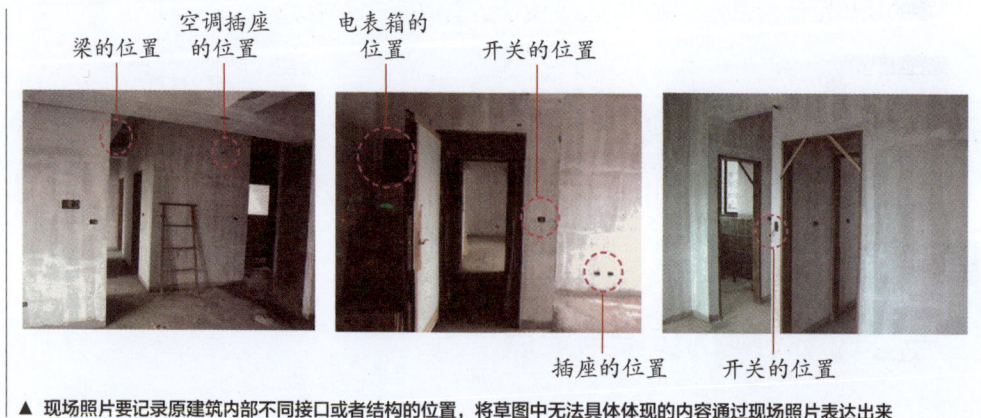

梁的位置　空调插座的位置　电表箱的位置　开关的位置　插座的位置　开关的位置

▲ 现场照片要记录原建筑内部不同接口或者结构的位置，将草图中无法具体体现的内容通过现场照片表达出来

绘制房间平面分布草图，标注门窗开启方式，注明承重与非承重墙。首先是从进户门开始，按照顺时针或逆时针方向，沿着墙面依次一段一段地测量，墙面有转折的地方都要断开，分别测量，围绕整个户型一圈，把墙体的尺寸全部测量记录下来（千万不能一个空间测完，再到另一个空间测量，这样一定会出问题，要一切都沿着墙面的走向来）。其次，空间的开间进深可以用激光测距仪贴紧墙面测出，将激光测距仪立于地面，还可以测量每个空间的高度，还要测量梁高和梁宽，确定梁的定位尺寸。

▲ 卷尺测量

测量并标注各房间地面的平整度和标高；测量并标注厨卫空间中台阶下沉高度的尺寸；测量并标注墙体垂直度与厚度尺寸。

（2）测量门窗

在测量门窗时，要测量门洞、窗户的高度和宽度；测量飘窗时，还要增加测量其进深，其距顶部、地面的高度，以及其与两边墙面相隔的宽度。

（3）测量管道

住宅内的管道大多数集中于厨卫空间。厨房要测量的包括入户管、烟道、煤气管、下水管、排气口的定位尺寸；卫生间要测量的包括马桶、地漏、台盆下水的定位尺寸。

需注意，图纸上要标清楚每一个管道的走向，测量并标清楚管道边到墙面的间距及所有管道的口径。

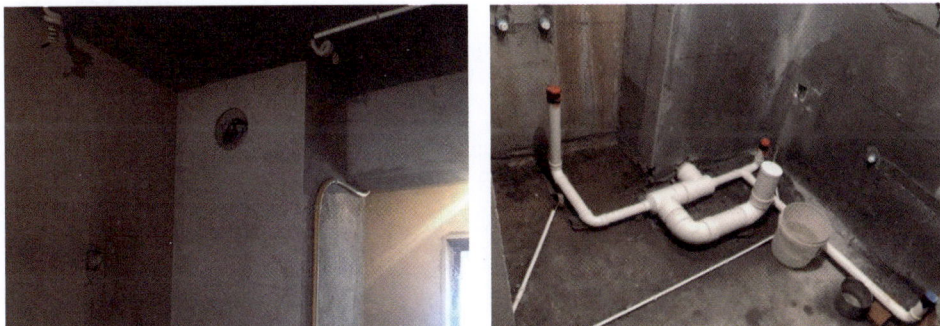

▲ 厨卫空间的管道都要标注清楚

（4）测量房屋基本设备尺寸

如强弱电箱、燃气表、暖气、空调外机管道等设备的定位尺寸，测量与门窗同理，除了自身尺寸，还要测量距顶部、地面及到两边墙面的尺寸。

（5）测量收尾

最后在图纸上写清量房日期，项目地址等信息（量房时要认真，做到精益求精，精准的数据是后期做设计的依据）。

3. 房间墙立面测绘

手绘立面图，测量并标注尺寸，标注门窗、柱、管线、壁柜、插座、室内楼梯等固定构件的位置尺寸、实际尺寸、剖面尺寸，绘制固定构件与墙体连接的构造详图。

4. 每个房间天花板的测绘

手绘天花板草图，测量并标注梁、柱、管线、壁柜的位置尺寸、实际尺寸、剖面尺寸。横梁位置，横梁高度、宽度都需标出来，这样方便设计吊顶的高度。

5. 留底阶段

尺寸和各种位置标识清楚后，我们就会拿到一份有完整数据的测绘图纸。

注意

最后一步，一定要记得拍照，并且拍照一定要拍大面积、大空间，这样便于我们在作图过程中，利用照片去检查数据，从而做到准确和无误。如下水管、窗户，还有一些结构区域，比如梁、柱等这些地方都需要拍照留存，方便后期设计时有更好的把握与参照。通过量房，我们能进一步了解客户的需求，掌握项目的原始资料，为装修设计做准备。

二、现场测量的常用工具

1. 常用工具

（1）尺子：现场测量时，尺子一般选用卷尺和激光尺，激光尺主要应用在大空间中，可以较快地测量出空间的尺寸，而卷尺通常用于测量尺寸稍短的位置。

▲ 卷尺

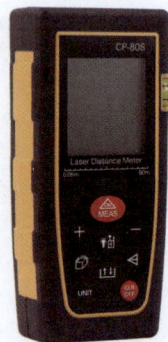

▲ 激光尺

（2）可以拍摄现场照片的相机或者手机。

（3）方格纸或者白纸。

（4）铅笔、圆珠笔（红、蓝、绿）、橡皮擦、荧光笔（红、绿）。铅笔方便在画草图时进行修改，多种颜色的圆珠笔则方便对不同线段或区域中的尺寸进行标注，荧光笔可以标注草图中有重合的位置，如梁等位置。

2．激光尺的使用方法

（1）门宽度的测量方法

激光尺的底部抵住门框的一端，激光的红点显示在另一侧的门框上时，按一下按键，显示屏上即可显示出距离（激光尺默认从仪器尾部起测）。

▲ 激光尺测门宽

（2）地砖长度的测量方法

激光尺的底部放在地砖的缝隙处，当激光的红点显示在墙面上时，按一下按键，显示屏上即可显示出距离。

▲ 激光尺测地砖长度

（3）门高度的测量方法

激光尺的底部抵住地面，激光的红点显示在上方的门框上时，按一下按键，显示屏上即可显示出距离。

学习任务小结 ▶

通过本任务的学习，读者更加全面地了解量房的步骤和过程。量房需要细心，只有量房精确，才能做出准确的设计，不至于到后期施工时，因为尺寸不对导致无法施工而不得不更改设计或更改项目。

课后拓展 ▶

由老师带领学生选择一处毛坯房进行测量，并绘制户型尺寸图。或者学生自行测量某一处内部空间（教室、寝室皆可）并绘制户型尺寸图。

▲ 激光尺测门高

任务4.3 居住空间方案推理与创意

学习任务导入 ▶

居住空间平面方案布局是"设计"的开始，是空间灵魂的诠释。我们都知道拿到一个户型要先看整体，再到局部去分析。你是否能找到规律一步一步地推理整个方案，在脑海出现平面跟立面共存的画面呢？

课前探讨

请针对二维码中给出的信息，分析2张平面图，你认为哪种设计方案更合理？

课前探讨

▶ 学习任务讲解

一、居住空间的方案推理与创意的含义

居住空间的方案推理与创意是一种创造性的活动，旨在创造出能够满足人的精神世界并富有强烈艺术氛围的居住空间环境。方案推理是通过分析和理解客户的需求、习惯、喜好和生活方式，然后以此为基础来设计居住空间。这需要考虑到空间的功能性、舒适性、美观性等多个方面。在这个过程中，设计师需要发挥自己的创意和想象力，结合艺术和技术手段，为客户打造一个符合其个性化需求的居住空间。

二、方案推理与创意的过程

准确了解设计意图，找到设计需要解决的问题。在平面布局上运用户型优化的方法解决原始户型中的痛点，并结合客户的需求进行合理的推理。

以下面的案例为例实行优化。

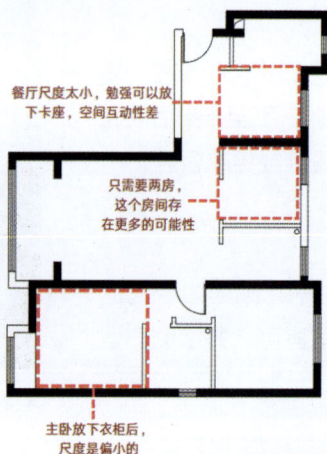

餐厅尺度太小，勉强可以放下卡座，空间互动性差

只需要两房，这个房间存在更多的可能性

主卧放下衣柜后，尺度是偏小的

◀ 原始户型分析
① 餐厅尺度太小，客餐厅互动性差
② 主卧尺度相对紧凑
③ 第3个房间存在多种可能性

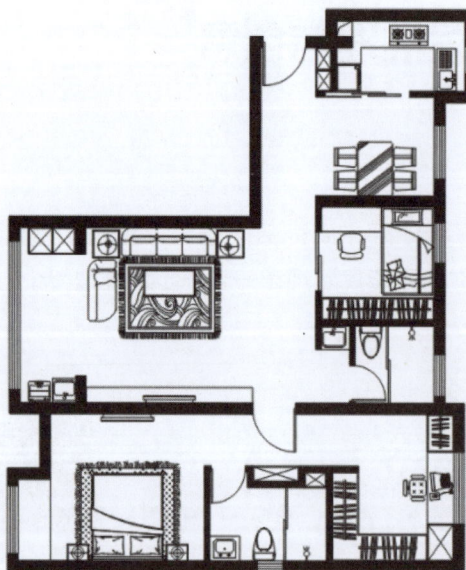

◀ 优化方案1
① 最大化体现主卧的舒适性
② 第3个房间改为衣帽间，为主卧睡眠区创造舒适性，但是餐厅空间还是过小

◀ 优化方案2

① 打开餐厨空间，餐岛厨一体

② 第3个房间做多功能房，配置书桌和折叠床，可以做临时客房

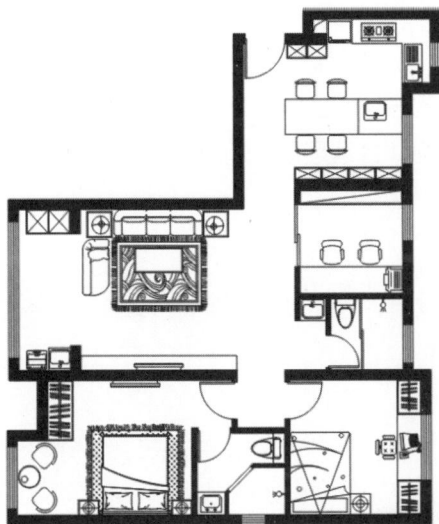

◀ 优化方案3

① 打散、重组原来公卫，靠窗部分预留出洗衣区的功能。释放出多功能房的空间给餐厅位置

② 扩大厨房，增配西厨功能，使餐厅和客厅有更好的交互关系

③ 由于承重墙的限制，西厨和餐厅关系还是不理想，且中西厨面积占比有些大

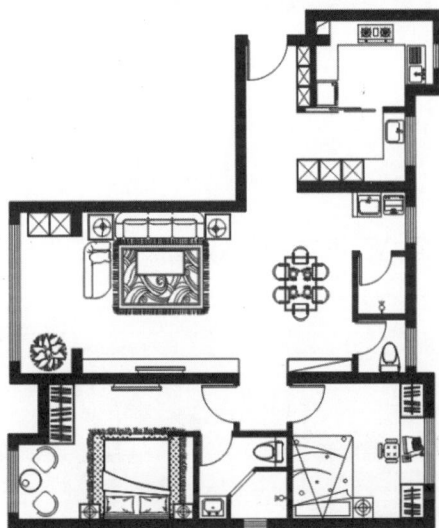

◀ 优化方案4

① 置换厨房空间，加强餐厨的紧密性的同时扩大了中厨空间

② 入户改为更实用的储物间＋洗衣房配置

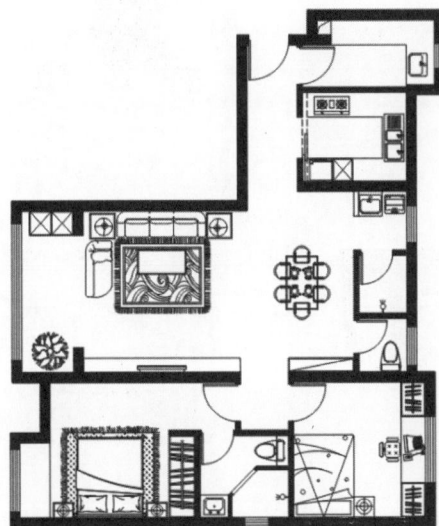

设计是创新作品的程序，设计构思的形成是设计方案能否成立的关键所在，没有好的设计构思不可能产生优秀的设计作品。那么怎样构思室内设计方案呢？要正确理解和认识不同深度的构思概念，学会设计构思的方法。空间效果图中的造型、色彩、材质等的分析可以从头脑风暴，图像元素的重构，合理运用其造型推理、色彩推理、材质推理等方面入手。

1. 头脑风暴

提取关键词进行思维导图的头脑风暴是进行方案推理与创意的第一步。提取关键词，将其转化为具体的图画语言并进行推理。

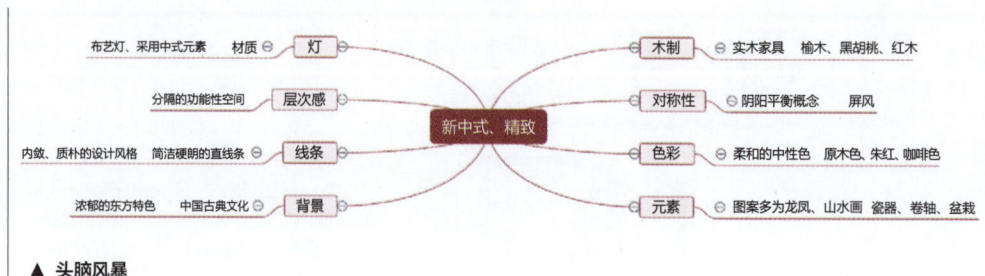

▲ 头脑风暴

2. 提炼图形

我们可以通过叠加、分散、重组等方式重构图形或者提炼新图形，并将图形运用到所需要表达的空间里。

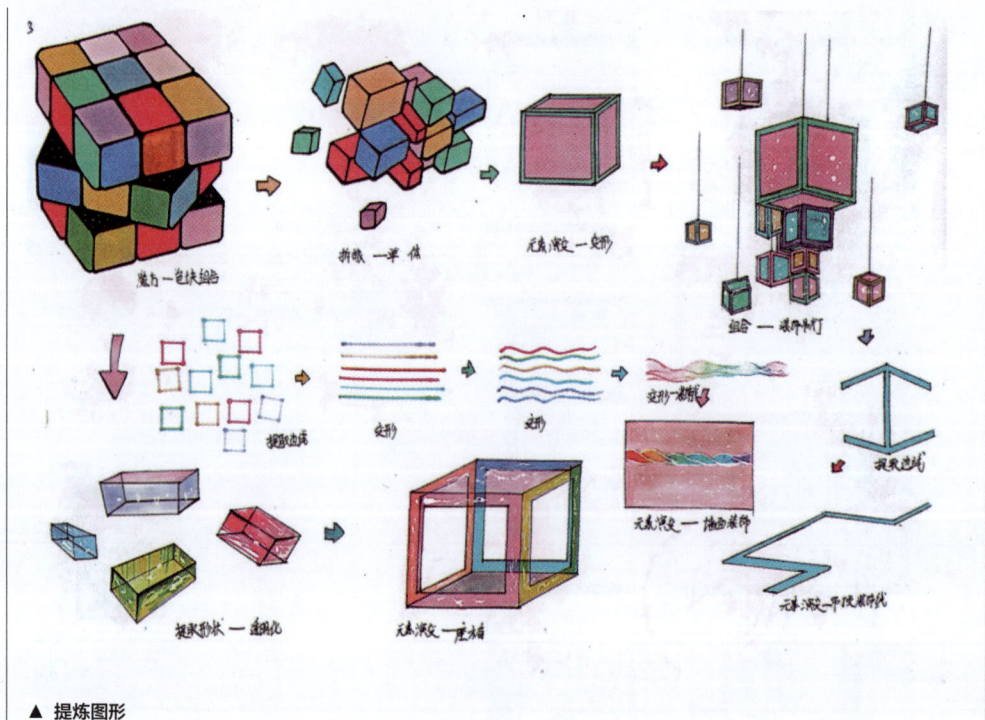

▲ 提炼图形

3. 根据设计需求进行色彩的配置的推理

在进行居住空间配色时，整体色彩印象是由所选择的色相决定的。例如，以暖色为主的居住空间配色可以表达出沉稳而温暖的感觉，以冷色为主的居住空间配色可以形成特有的清澈感。可以根据具体需求决定。

环境色

主体色

点缀色

▲ 居住空间配色

4. 根据设计需求进行材质的搭配推理

在进行居住空间设计时，为了确定成品效果，一定是先根据效果图配置材料，然后整理出材料表，根据材料表寻找材料品牌和小样，再将小样组合在一起做成材料板，这样能比较清晰直观地看出各个材料之间是否相配。

▲ 材料板

学习任务小结 ▶

居住空间方案的推理与创意，是通过对设计需求进行思维上的推理再逐步落地的，方案的推理与创意需要我们在做设计时多动脑筋，并用科学的设计思路进行合理的推理。

课后拓展 ▶

请根据给出的户型图、客户的生活习惯及需求，推理出至少2种平面设计的方案。

客户需求：房子的主人是一对退休夫妇，他们希望房子装修风格简约舒适。客厅要有舒适的按摩椅和大尺寸电视；厨房要操作方便，不追求过多的花样；卧室要安静，床品要高质量；卫生间要安装防滑地砖和坐浴盆；他们喜欢养花种草，希望有一个阳光充足的阳台来摆放花草，并且在阳台要设置洗手池以方便浇水；进门处需要一个换鞋凳和挂衣架。

原始平面结构图如下：

▲ 原始平面结构图

思考与实训 ▶

完成如下图所示居住空间的方案推理

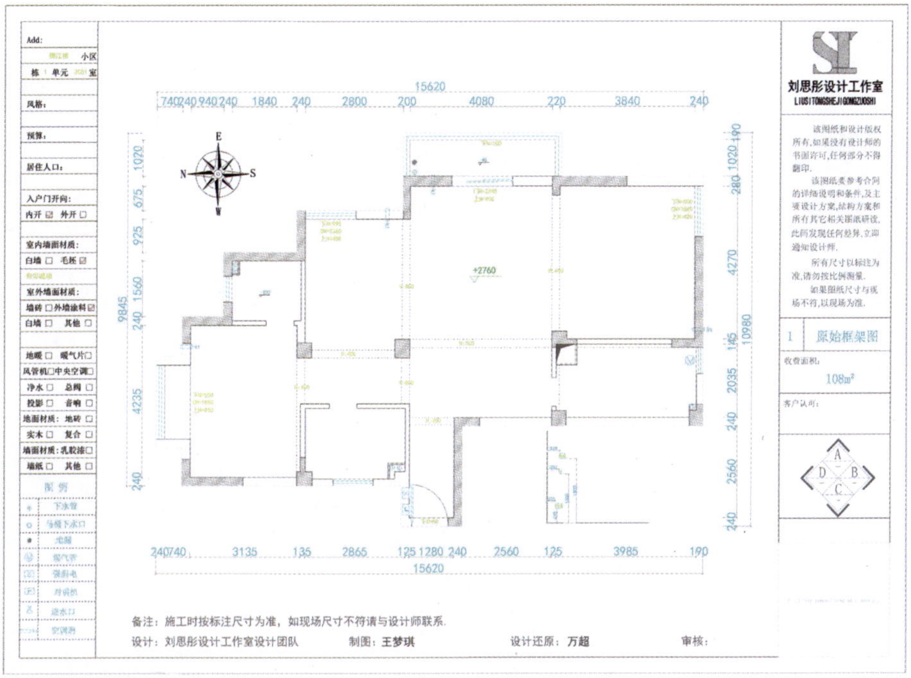

▲ 居住空间原始框架图

模块5 方案深化

任务说明　通过本模块的学习，能够根据业主对各功能空间的需求，进行合理布局和功能分区

知识目标　1. 熟悉公共活动区的布局及功能

　　　　　2. 熟悉私人活动区的布局及功能

　　　　　3. 熟悉家务劳作区的布局及功能

能力目标　能够根据需求，进行合理布局和功能分区，完成整套空间设计方案

素质目标　1. 培养以人为本的服务意识

　　　　　2. 培养严谨的工作态度

　　　　　3. 培养团队精神与协作能力

评价标准　1. 专业知识掌握程度占30%

　　　　　2. 实际应用能力占50%

　　　　　3. 职业素养及态度表现占20%

任务5.1 公共活动区设计

居住空间的公共活动区是以满足家庭公共需要为目标的综合活动场所。它一方面是家庭生活聚会的中心，另一方面是家庭和外界交际的场所，因此，要能满足人们聊天、视听、用餐、活动、娱乐及儿童游戏等需要。像客厅、餐厅都是有较为明确的功能的室内公共活动区。

课前探讨

扫描二维码，观察其中的图片的区别，小组间相互讨论现代客厅与传统客厅的区别。

课前探讨

学习任务讲解

一、客餐厅的功能设计

传统的客厅是一个家人聚集、会客的场所。现代客厅有着更为个性化的定义，它可以是学习型客厅、茶室型客厅、运动型客厅、多功能客厅等。但是，无论客厅怎么改变，它作为居住空间里的公共空间的本质没有变，在设计其功能时需要根据一家人在公共空间里的生活需求来定位。

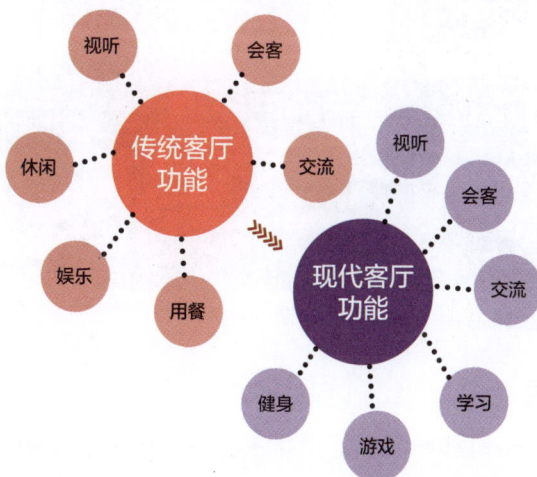

▲ 客厅功能

二、客餐厅的布局设计

1. 直线式布局

这种布局方式是将家具沿着一条直线排列，给人一种整齐、有序的感觉。在客餐厅面积较小的情况下，采用直线式布局可以更好地利用空间。

▲ 直线式布局

2. 对称式布局

这种布局方式是将家具以客餐厅上轴线为对称轴进行排列，给人一种平衡、稳定的感觉。在对称式布局中，需要注意避免过度对称，以免显得过于呆板。

▲ 对称式布局

3. 围合式布局

这种布局方式是将家具以一个中心点为基准，在周围散开排列，给人一种温馨、亲密的感觉。在围合式布局中，可以先设置一个中心点，如一个漂亮的沙发或一个温馨的壁炉，以增强空间的凝聚力。

▲　围合式布局

4．开放式布局

　　这种布局方式是将客餐厅与厨房或书房等空间合并在一起，形成一个开放的空间，给人一种宽敞、明亮的感觉。在开放式布局中，需要注意空间的连贯性和流动性。

▲　开放式布局

5．动态式布局

　　这种布局方式是根据房间的形状和大小，将家具以不同的角度排列，给人一种动态的感觉。在动态式布局中，需要注意保持空间的流畅性和舒适性。

▲　动态式布局

三、客餐厅空间设计

1. 造型与空间的风格相匹配

确定空间风格定位后，再确定空间造型形式，就可以避免不搭的情况。比如欧式风格的空间可以多用石膏线、拱形等造型；中式风格可以选择护墙板、对称造型。

	圆弧形顶面造型
	欧式石膏线
	壁炉
	丝绒家具

▲ 欧式风格

2. 色彩搭配层次清晰，满足客餐厅功能需求

客餐厅是家人及来访者聚会的场所，人进入某个空间最初几秒内得到的印象是对色彩的感觉。色彩起着改变或者创造某种格调的作用，会给人带来某种视觉上的差异和艺术上的享受。在进行色彩设计时，一定要分清色彩之间的主次关系。通常客餐厅中主要颜色不要超过3种，否则会给人杂乱无章的感觉。

环境色（RGB色值）	
0,0,0	155,154,150
主题色（RGB色值）	
91,83,80	163,155,152
点缀色（RGB色值）	
7,82,96	66,61,42

▲ 客餐厅中的色彩

3. 重点照明与局部照明相结合，满足不同场景下的需求

客餐厅的照明设计层次变化很多，为了满足不同的功能需要，不仅要考虑到会客明亮度，也要考虑娱乐照明时的丰富光影变化。因此，设计在客餐厅内的主光源，往往硕大明亮，辅助照明的点光源则种类多样、光影斑驳。面对不同的客餐厅类型，其照明

设计又有着不同的设计形式，比如挑高型客厅注重纵向空间的照明等。

▲ 重点照明与局部照明结合的客厅空间

4. 软装体现业主的喜好

客餐厅软装的选择最好根据业主的爱好，以及房间的采光条件、与周围环境相搭配等方面考虑，最好能取得平衡和稳定感，以达到锦上添花的效果。

▲ 餐桌旁的餐边柜上摆放的装饰物件既能与室内风格呼应，而且也能体现业主的喜好

▌学习任务小结 ▶

通过本任务的学习，读者更加全面地了解了室内公共活动区功能和布局上的设计方法。在实际运用的过程中，一定要结合居住空间的具体情况灵活地进行设计。

▌课后拓展 ▶

课后小组合作，选取一个客餐厅案例，对其空间的布局、色彩的搭配、材质的运用等进行分析。

任务5.2 私人活动区设计

学习任务导入

　　私人活动区是指为家庭成员私人生活需求所设计的空间，既是成人享受私密权利的区域，又是子女健康成长的摇篮。它主要包括卧室等空间，完备的私人活动区具有休闲性、安全性和创造性。

课前探讨

扫描二维码，观察其中图片，小组探讨，良好的休息能够让人缓解一天的疲劳，一个温馨舒适的卧室应该要满足哪些设计点才能更好地营造适合休息的环境和氛围呢？

课前探讨

学习任务讲解

一、卧室的功能分析

　　卧室一般要满足休息、储物、梳妆等需求。在设计时需要根据卧室空间的特性设计出一个更适合休息的空间。

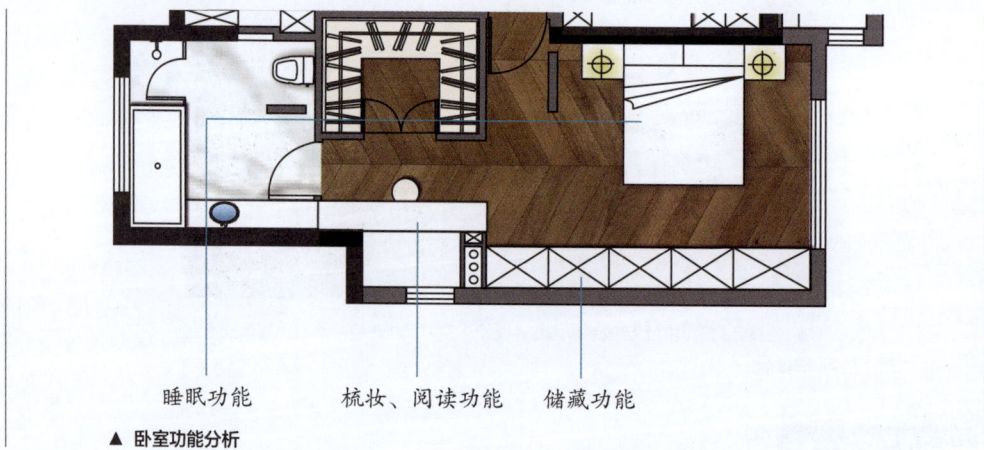

睡眠功能　　梳妆、阅读功能　　储藏功能

▲ 卧室功能分析

二、卧室的布局设计

　　卧室的布局根据空间所使用的人群和卧室的格局、大小、空间的方位和朝向来决定。

1. 正方形卧室布局

一般 10 ㎡ 左右的卧室，床可以放中间，将衣柜的位置设计在床的一侧，床两边留 500mm 左右的空间才足够；如果要采用双人床的话，要预留三边的走动空间。

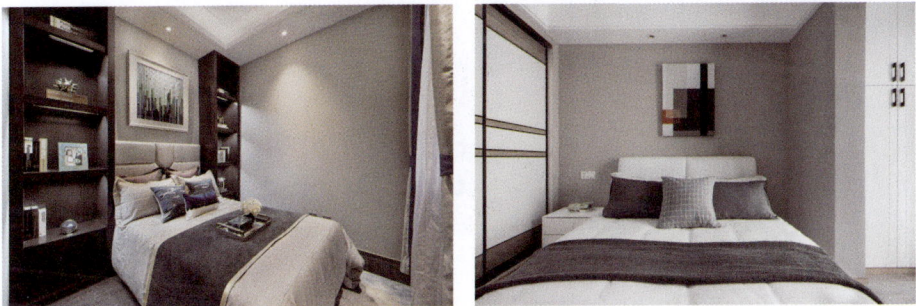

▲ 正方形卧室布局

2. 横长形卧室布局

若卧室小于 10 ㎡，则建议将床靠墙摆放，衣柜靠短的那面墙摆放，这样可以节省出放置梳妆台或是书桌的空间。同时，可采用收纳型床或榻榻米，这样床底可用来存放棉被等物品，做到在无形之中收纳，避免因为太多杂物而干扰动线。

若卧室的空间超过 16 ㎡，可把衣帽间规划在卧室角落或是卧室与卫浴间的畸零空间里，也可利用 16 ㎡ 的大卧室隔出读书空间或者是休闲空间。一般卧室内最好采用片段式的墙体、软隔断或家具来分隔空间，这样能最大限度地保证空间的通透性。

▲ 横长形卧室布局

三、卧室空间设计

1. 营造舒适的休息环境

卧室不要采用冰冷的材质，空间的大小不宜过大，以创造舒适温馨的休息环境。卧室空间在尺度上是要合理的，在色彩配置上以柔和的暖色调为主，在材质的选择上可以选择给人放松的材质。

暖色调配色

布艺材质的床

木地板

▲ 卧室空间

2. 打造合理的收纳空间

卧室需要有一个合理的收纳空间才能保持整洁，卧室收纳的大多是居住者的衣物、床单被褥等，每个家庭衣物的数量不同，但分类大致相同。

▲ 衣柜常规分区

3. 照明的布置合理

卧室的照明设计一方面要保证能营造平和、宁静的睡眠氛围，另一方面要考虑到如果有阅读、梳妆需求时，相应的区域要有足够的照度。

▲ 枕边的壁灯最好是左右可以分别开关与调光的，安装的高度距离枕头600~750mm。地板灯可以安装在躺下后不会看到光源的位置，选择不太亮的 LED 灯具最佳

▲ 用筒灯作整体照明，最好选用扩散型光源，并且安装的位置要靠近衣柜。在衣柜内部可以装设荧光灯或筒灯，用门的限位开关来控制照明灯具

AIGC 案例

在卧室空间设计中，AIGC 技术可以生成个性化的布局和装饰方案。设计师可以根据用户的需求和喜好，快速生成适合不同人群和场景的卧室设计方案，如儿童房、青年房或老年房等。扫描二维码，可以看到使用文心一格 AIGC 平台生成的卧室空间设计图，以及对应的指令文字。

卧室空间设计案例

卧室是家里最柔软的空间，是保障家人健康的重要空间，在空间氛围的营造上要根据空间的属性进行合理的设计。

课后拓展 ▶

小组选取某一个卧室空间，分析讨论其中的布局、色彩、材质、灯光等设计，并将讨论结果整理成思维导图。

任务5.3 家务劳作区设计

学习任务导入 ▶

家务劳作区是进行家居整理、膳食烹饪、衣物洗熨、维护清洁、收纳等工作的区域，同时还需要放置一些常用的工具。家务劳作区包括了厨房、卫生间、储藏室、阳台等，本任务主要围绕厨房展开讲解。

课前探讨

厨房是承载了一家人的美食与健康的重要工厂，也是进行最多家务劳作的场所，那么我们从哪些方面设计厨房，能让家务劳作更加轻松，给家庭带来更好的生活质量呢？

课前探讨

学习任务讲解 ▶

一、厨房空间的功能设计

厨房空间在发展上经历了很多次的迭代升级，其功能也随着生活水平的提高变得多样化，但其本质功能还是以提供为家人制作一日三餐的场所为主，这一日三餐的制作程序包括洗、切、炒、盛、装等。

二、厨房空间的布局设计

1. 一字型厨房

一字型厨房即厨房和橱柜呈"一"字形长条布置，较为紧凑，能够合理地提供烹调所需的空间，可以水池为中心，朝两侧分别操作。采用此种布局设计的厨房，其开间净空尺寸一般在1.6~2m，适用于与厨房入口相对的一边有嵌套服务阳台而无法采用L型布置的、只能单面布置橱柜设备的狭长形厨房。

优势

● 橱柜布置简单
● 立管和风道集中布置，节约设备空间

劣势

● 操作中必须沿台面方向进行动线规划，这使得动长、工作效率降低
● 单侧使用，难以重复利用空间，降低了空间利用的效率

▲ 一字型厨房

2. L型厨房

L型厨房使整个厨房的设计比例呈现"L"形布局，在两个完整的墙面上布置连续的操作台，是一种比较常见的布置形式。L型厨房通常会将水槽设在靠窗台处，灶台设在短墙面处。采用此种布置的厨房，其开间净空尺寸一般在1.6~2m，适用于厨房入口在短边且没有嵌套服务阳台，或者入口在长边但在短边嵌套服务阳台的狭长形厨房。

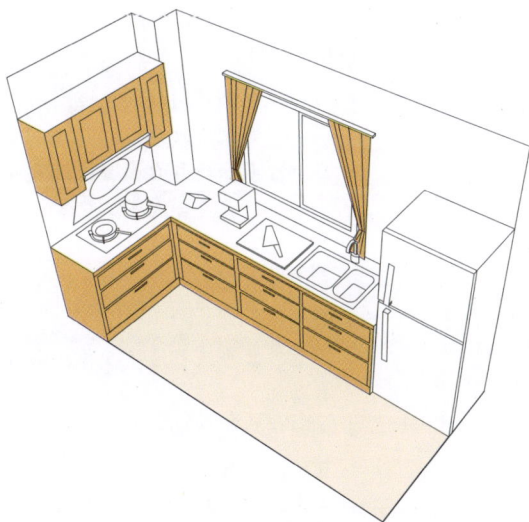

优势

● 较为符合炊事流程，在转角处工作时移动较少
● 在一定程度上节省空间
● 立管和风道集中布置，节约设备空间

劣势

● "L"形橱柜转角处如果不布置竖向管线，角部空间则不易利用

▲ L型厨房

3. U型厨房

U型厨房是双向走动、双操作台的形式，是实用而高效的布置形式。利用3面墙来布置台面和橱柜，相互连贯、操作台面长、储藏空间足，"U"形中的短边开窗。采用此种布置的厨房，其开间净空尺寸一般不小于2.2m，适用于厨房入口在短边且没有嵌

套服务阳台的方形厨房，面积使用效率较高。

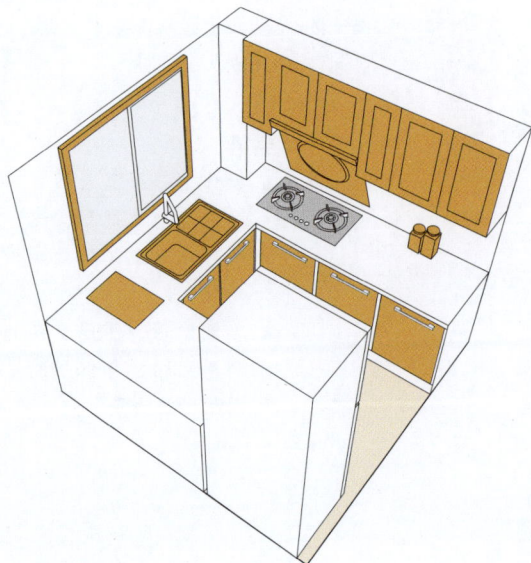

优势

- 十分符合炊事流程，从冰箱到水池到灶台的操作面连续，在转角处工作时移动较少，方便使用
- 设备布置较为灵活
- 采用"U"形中的短边开窗的方式，有较长的操作台面

劣势

- 橱柜转角处的空间不易利用

▲ U 型厨房

4. 双线型厨房

顾名思义，双线型厨房布局就是操作平台位于过道两侧，将燃气灶、储藏柜、操作台设在一边，将水槽、备餐台、冰箱等放在另一边。

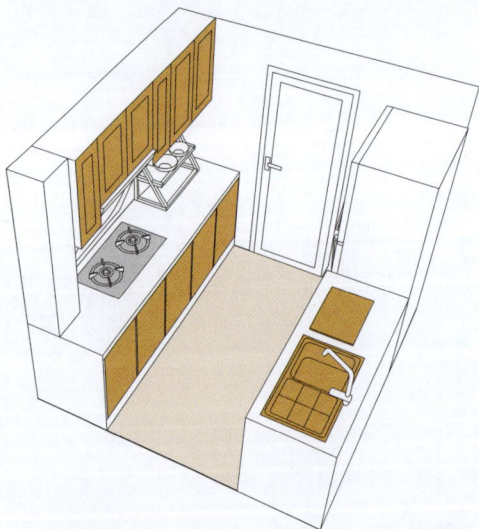

优势

- 可以重复利用厨房的走道空间，提高空间的使用效率
- 水槽台面和灶具台面可以设置成不同高度，更符合人体工程学

劣势

- 不能按炊事流程连续操作，需有转身动作
- 不利于管线的集中布置，需双侧设置竖向管线
- 占用面宽过大

▲ 双线型厨房

5. 岛型厨房

岛型厨房一般是在一字型、L 型或者 U 型厨房的基础上加以扩展，中部或者外部设有独立的工作台，呈现岛状，是西方开放式厨房经常采用的布局。岛台设置水槽、

炉灶、储物空间或者就餐用餐桌和吧台等设备。岛型布局在中小套型厨房中较为少见，多用于大套型的厨房中，且多在 DK 型厨房（餐厨合一的厨房）和开放式厨房的平面设计中采用。

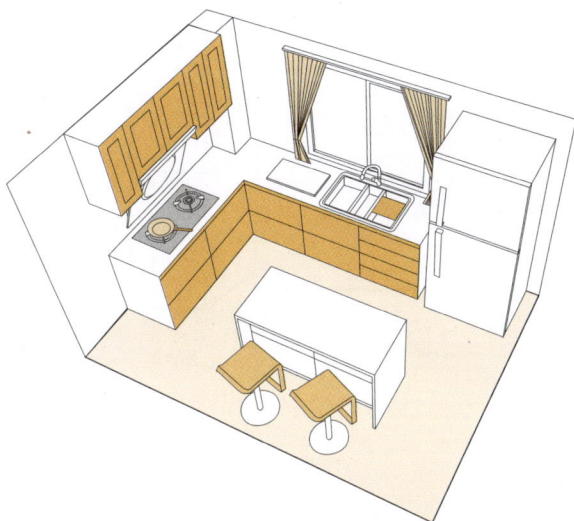

优势

● 适合多人参与厨房操作，有利于做饭时与家庭成员或客人之间的互动，厨房的气氛活跃

● 空间效果开敞

劣势

● 占用空间较多

● 开放式布局如果进行中式烹饪，油烟气味易散溢，会污染到其他房间

▲ 岛型厨房

三、厨房动线的设计

厨房里的动线是顺着食品的储存和准备、清洗和烹调这一操作过程安排的，应沿着 3 项主要设备（炉灶、冰箱和水槽）组成一个三角形，因为这 3 个功能通常要互相配合，所以安置在最适宜的距离可以节省时间和人力。这三边之和以 3.6~6m 为宜，过长和过短都会影响操作。

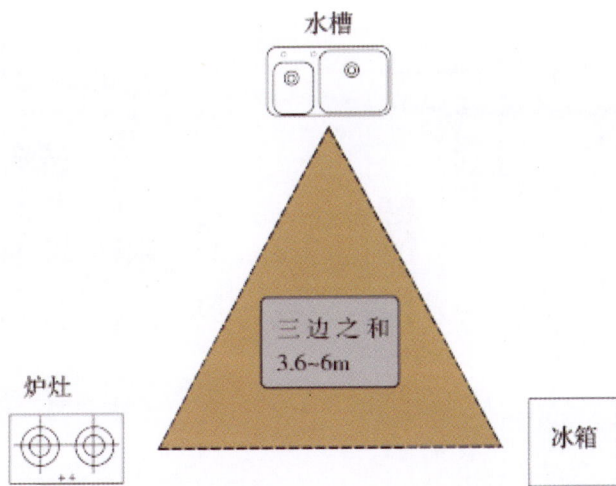

水槽

三边之和
3.6~6m

炉灶

冰箱

▲ 工作三角

备餐区　　洗涤区　　　生鲜区

烹饪区　　用餐区　　　熟食区

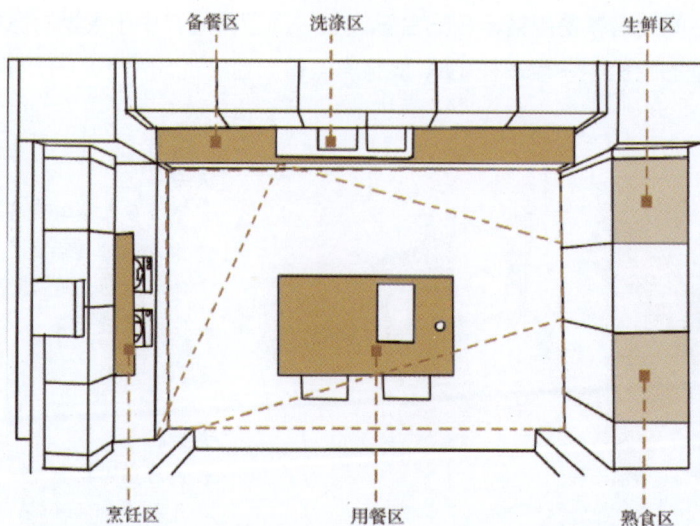

▲ 厨房动线设计

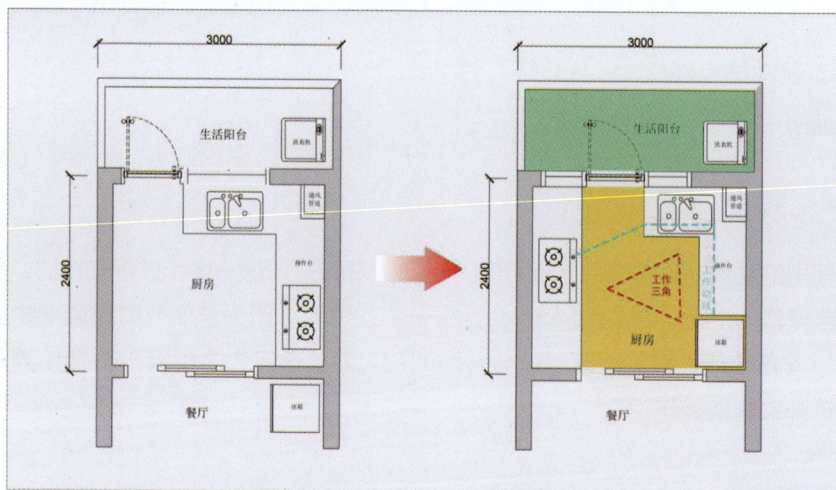

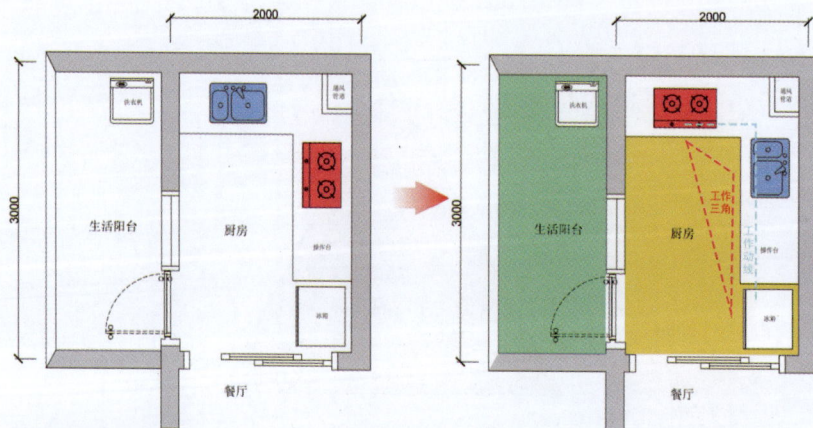

▲ 利用工作三角优化布局

四、厨房设计的注意事项

（1）厨房的炉灶要设计在离烟道较近的位置；厨房的水槽要设计在离下水管道较近的位置。

（2）厨房的收纳要根据使用的频率、物件的大小来进行合理的安排。

厨房储藏剖立面示意图

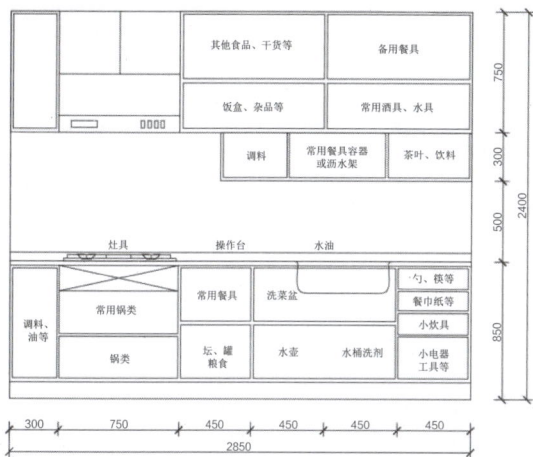

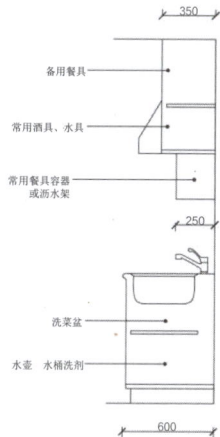

注：
厨房顶部橱柜因拿取不便，因此应放置不经常使用的厨具等杂物。

▲ 厨房储藏剖立面示意图

五、厨房的空间设计

1. 清爽整洁的空间环境营造

厨房的环境设计需要先考虑实用性，然后再考虑美观性。厨房作为油烟重地，便于清理的环境设计更为重要。

釉面地砖　铝扣板吊顶　　墙砖　烤漆橱柜
▲ 清爽整洁的空间环境

2. 防滑防污的材质选择

由于厨房会产生油烟，也会有与水相关的活动，所以厨房的顶面、地面和立面原则上都应该有防水、耐油污的设计。各界面以简洁为主，不适宜做太复杂的造型，应尽量保持空间的畅通与简洁。

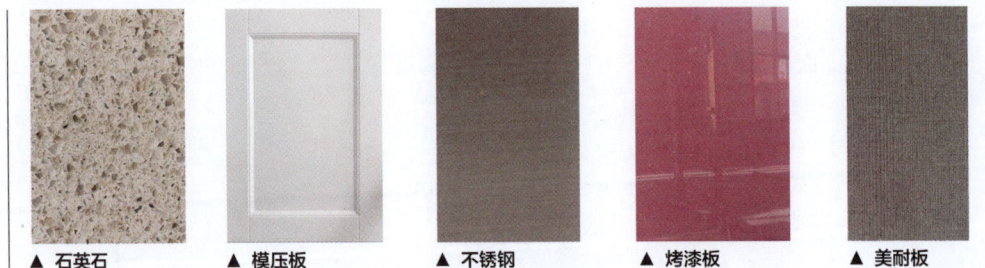

▲ 石英石　　　　▲ 模压板　　　　▲ 不锈钢　　　　▲ 烤漆板　　　　▲ 美耐板

3. 模块化集成化的设计

合理的模块化设计和集成思路可以让厨房的空间利用效率更高，减少餐厨操作的时间成本，让业主拥有一间可以给自己提供良好烹饪体验的厨房。

▲ 模块化集成化的设计

AIGC 案例

厨房空间设计中，AIGC 技术可以优化布局、提高空间利用率。AI 算法可以根据厨房的实际尺寸和用户需求，生成合理的厨房布局方案，包括橱柜、灶台、水池等的位置和尺寸，使厨房空间更加实用、高效。扫描二维码，可以看到使用通义万相、文心一格等 AIGC 平台生成的厨房空间设计图，以及对应的指令文字。

厨房空间设计案例

学习任务小结

本任务中，厨房空间的动线和收纳是设计中的重难点，好的厨房空间设计应该要让家务劳作更加轻松。随着技术的发展，厨房空间的设计将会更加智能化集成化，以满足人们更多的需求。

课后拓展

收集整理厨房空间设计的发展历程。

思考与实训

完成如下图空间中客餐厅的设计。

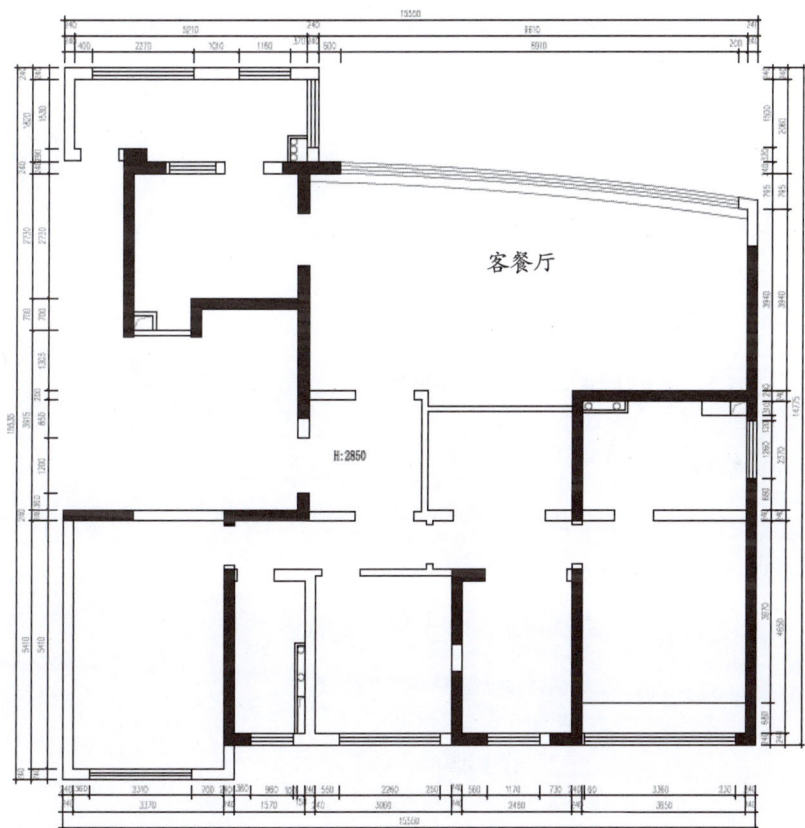

▲ 居住空间平面布局

客餐厅

H: 2850

模块6 设计表达

任务说明　通过本模块的学习，能够运用设计原则根据客户需求进行空间方案设计，运用手绘工具、计算机辅助设计工具、三维建模工具等工具和技术进行施工图和效果图的表现

知识目标　1. 了解设计表达的工具及技术

2. 熟悉手绘表达技巧

3. 掌握计算机辅助设计和三维建模等工具的使用方法

能力目标　1. 能根据制图规范设计出完整的施工图纸

2. 能够将抽象的设计理念转化为具体的表达形式，提高设计作品的感染力和说服力

3. 根据空间的功能需求设计出合理的软装方案

素质目标　1. 培养审美鉴赏能力

2. 培养诚信敬业的道德品质

评价标准　1. 专业知识掌握程度占30%

2. 实际应用能力占50%

3. 职业素养及态度表现占20%

任务6.1 前期手绘构思

学习任务导入

在设计前期我们需要对空间进行分析，徒手绘制设计思路是前期设计中非常重要的技能之一，但手绘技能不是一朝一夕能够学会的，需要长期坚持。

课前探讨

通过二维码中给出的图片，探讨一下这些手绘图的区别在哪里。

课前探讨

学习任务讲解

一、手绘构思流程

1. 确定平面布局方案

运用气泡图在平面框架图中分析设计所要达到的功能需求，以满足客户的需求、为客户服务，经过修改最终确定平面布局方案。

客户需求

希望能有3个卧室

能有一个自己的独立书房

想要个开放餐厅

原始平面图
PLAN　　　Scale 1:80

▲ 确定平面布局方案

2．深化平面布局

确定好平面布局方案，就可以绘制彩色平面图，彩色平面图可以用简单的颜色区分空间，主要功能就是为客户展示平面布局、设计方案，以及对空间进行一目了然的功能划分等。高大上的彩色平面图可以给汇报文本增添许多灵气，让人耳目一新。

平面图手绘表现

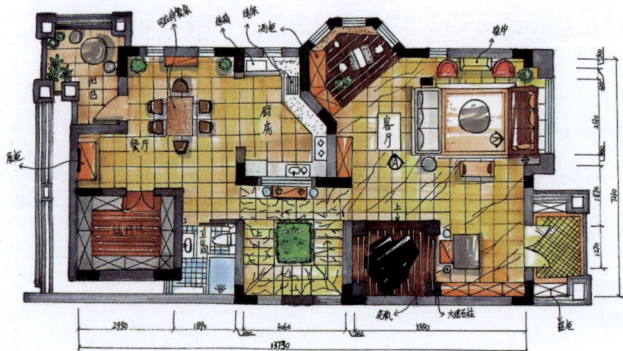

▲ 手绘彩色平面图

二、手绘空间效果和立面图的表达

1．效果图透视的掌握

透视图是以作画者的眼睛为中心作出的空间物体在画面上的中心投影，它具有将三维的空间物体转换成二维图像的作用，同时也是评价一个设计方案好坏的重要标准。若想绘制理想的透视图，就必须重视透视的科学性，按照透视的基本规律、运用科学的作图方法进行绘制，才能使透视图中的物体形象真实地体现形体结构与空间的关系。居住空间设计手绘图中常用一点透视和两点透视来表达空间效果。

手绘立面图

▲ 一点透视

▲ 两点透视

2. 立面图的正确表达

　　立面图是表现设计最直观的方式，是体现垂直空间变化最重要的图纸，绘制立面图时应该注意以下要点：一是不要重复地排列，毫无变化的立面会让人觉得无趣；二是表达内容不能太局部；三是选择的面需要有代表性。

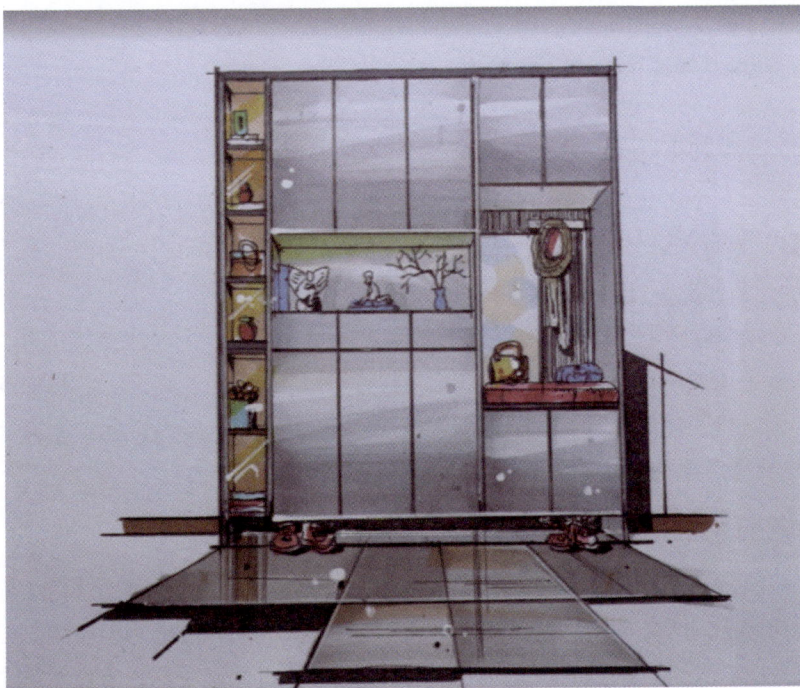

▲ 立面图

学习任务小结 ▶

手绘是设计表达前期必备的技能，它能快速地帮助我们厘清设计思路，让我们更加便捷地进行前期设计分析。

课后拓展 ▶

手绘绘制一套空间设计方案，流程包括前期思维推理过程、平面布局图绘制、立面图绘制、空间效果图的表达，以掌握手绘表达居住空间设计的方法。

任务6.2 施工图的表达

学习任务导入 ▶

居住空间设计能按设计思路落地的前提是必须要根据严谨的施工图施工。施工图主要表达什么、有什么样的规范及要求是本任务学习的重点。

施工图绘制

课前探讨

同学们知道施工图具体包含哪些图纸吗？可以试着小组讨论一下。

学习任务讲解 ▶

一、施工图的含义与分类

1. 什么是施工图

居住空间设计图纸是居住空间设计人员用来表达设计思想、传达设计意图的技术文件，是室内装饰施工的依据。居住空间设计制图就是根据正确的制图理论及方法，按照国家统一的制图规范将室内6个面上的设计情况在二维平面上表现出来。

施工图是指导施工过程、管理施工过程、检验施工结果的一个重要的依据，它是根据项目的施工工序进行设计的。画好施工图，首先要对设计、施工工艺和材料有清晰的了解。画好施工图是做居住空间设计的基本功，必须勤学多练，逐一掌握其中的各项技能。绘制施工图主要运用的软件工具是AutoCAD。

2. 施工图的分类

一张完整的施工图图纸包含了平面系统图纸（原始框架图、墙体拆除图、墙体新建图、平面布局图、天花板布局图、天花板尺寸图、地面铺装图）、水电系统图纸（开关控制图、插座布置图、水路系统图）、立面系统图纸（立面索引图、节点系统图、吊顶节点图、立面节点图、地面节点图、门窗节点图）等。

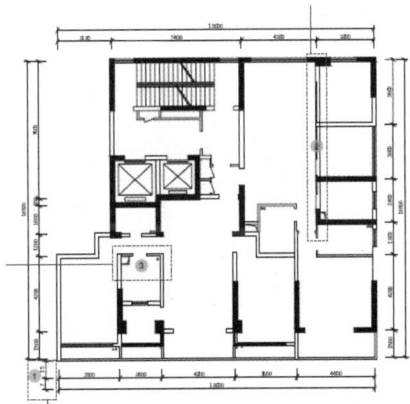

▲ 原始框架图

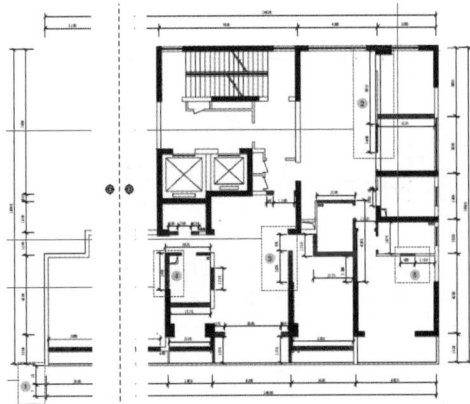

▲ 墙体拆除图

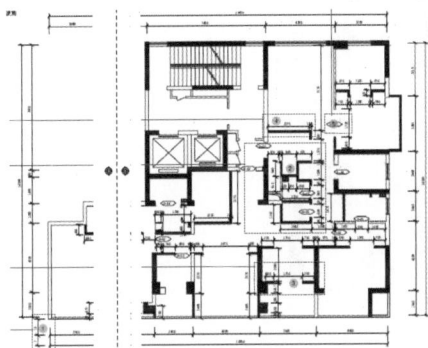

▲ 墙体新建图

▲ 平面布局图

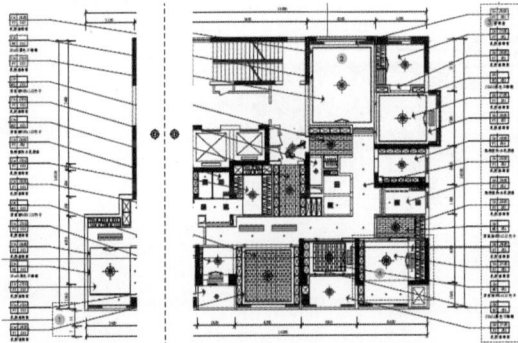

▲ 天花板布局图

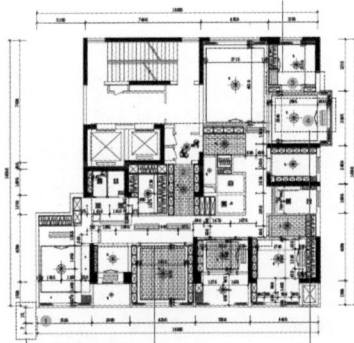

▲ 天花板尺寸图

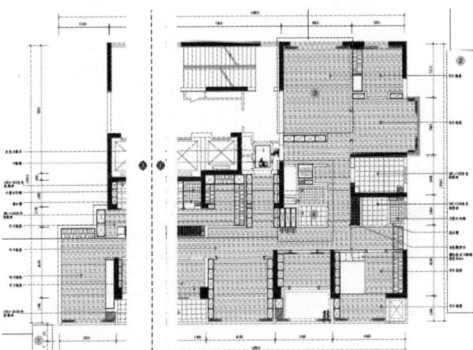

▲ 地面铺装图

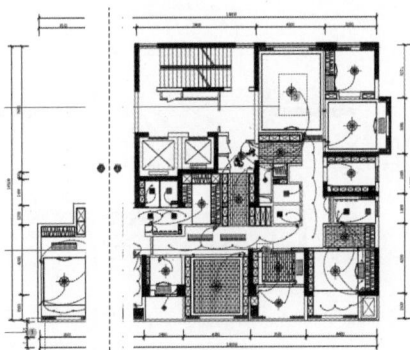

▲ 开关控制图

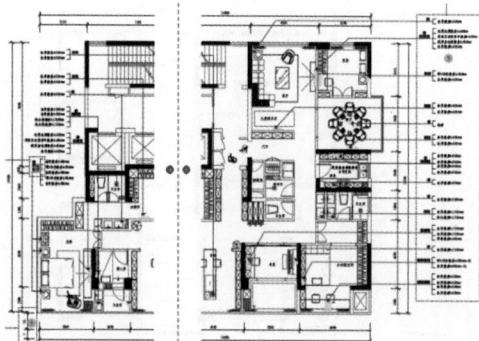

▲ 插座布置图

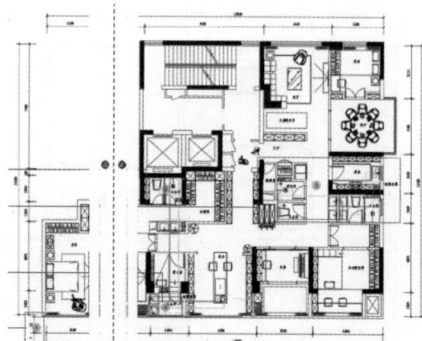

▲ 水路系统图

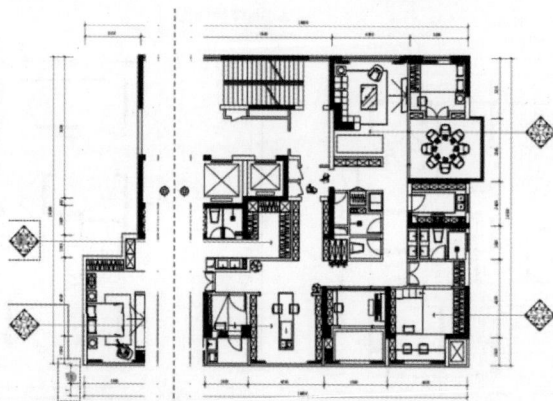

▲ 立面索引图

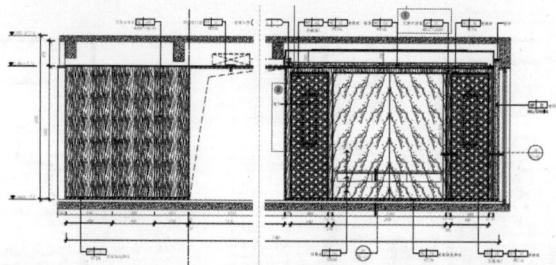

▲ 节点系统图

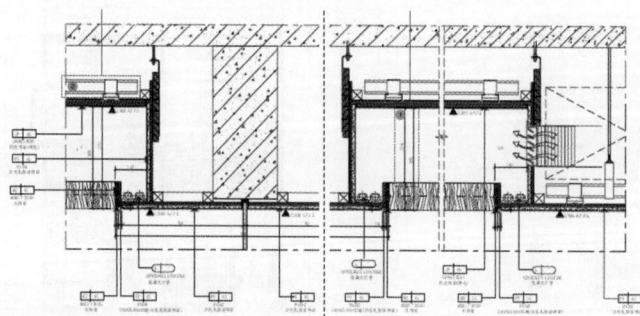

▲ 吊顶节点图

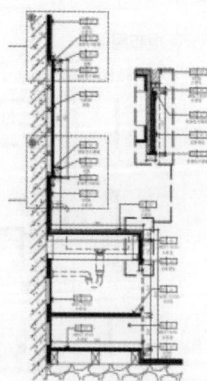

▲ 立面节点图

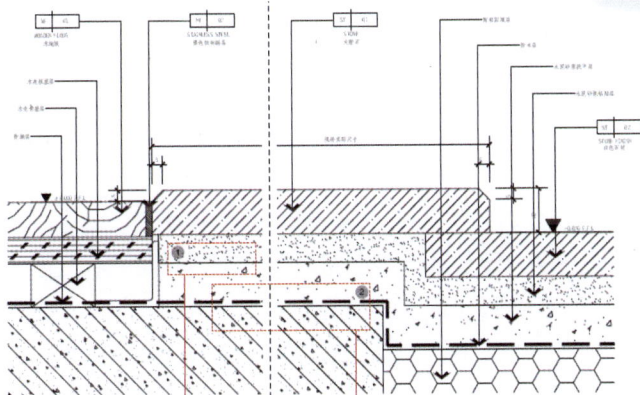
▲ 地面节点图

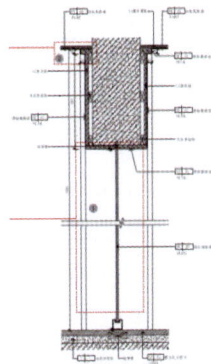
▲ 门窗节点图

二、制图的规范和标准

规范的施工图是确保居住空间设计更加规范化、更高效的一个保障。设计施工图时，首先要参考国家的相关标准条例。不同的公司有不同的制图标准，但施工图中基本的图例、索引符号、对空间中不同物件的表达要让对方能读懂。

1. 制图标准的作用

制图标准有如下几个作用：提高工作效率；有利于公司团队配合，体现企业文化，提高施工质量；增加图纸的美感。

2. 规范和标准的内容

（1）除执行国家统一制图规定外，还应执行公司统一的制图补充规定，包括图例索引规定、字型大小规定、计算机图层管理和计算机出图规定等。

（2）字体使用标准简化字，应笔画清晰、字体端正、排列整齐，不得潦草，标点符号需使用正确。

（3）计算机出图时，优先使用空白描图纸，将图纸除需要签字的部分外全部输入相应内容，再一并输出。

（4）图纸深度规定：

① 房间名称在各种平面、天花图中均要注全，相同名称的应加注序号，如：办公室（一）、办公室（二），会议室（一）、会议室（二）。大型工程也可用编号标注房间或走道等位置的名称，且需另编房间名称与编号对照表。

② 平面图、天花图、剖立面图都应标注标高。标高以楼面完成面为基准，A 是相对标高（相对于本层地面建筑面层的标高），B 和（B）（标注在横线下时可不用括号）是绝对标高，标高数值应精确到小数点后两位。天花图一般只标相对标高，平面图要在楼梯间、电梯间及交通枢纽等部位标注地面建筑面层的绝对标高。

③ 材质、家具、灯饰、门号、五金等在设计图中应标注出来，标注方法参考二维

码中的常用材料图例及材料标注代号。

④ 在平面、剖面、立面图和详图中，应尽可能标注轴线位置和尺寸，各种造型定位尺寸要和轴线发生关系，以便于施工放线、测值及计算。

⑤ 在建筑图中标注的防火墙、消火栓、防火卷帘、防火门等，在装修图中不要遗漏。

⑥ 隔墙或门窗尺寸与建筑图有出入的，均应在平面图上标注定位尺寸。

⑦ 平面图可分为平面布置图、墙体定位图、地面材料图、家具布置图、立面索引图等，每一种图可单独出图，也可根据情况适当合并出图。

⑧ 每套图纸出图时都要有图纸目录、设计说明、装修做法表、门表等。材料标注代号和图例等内容可在设计说明中交代清楚，标题栏处"图名"等文字要工整统一并与图纸目录一致。图纸的电子文件名称应与图纸名称一致，以便查找。

⑨ 天花图中除应反映装饰造型和灯具外，还应该包括空调风口、消防喷淋、烟感控头及广播喇叭检修口等，以确保总体装饰效果。

> **注意**
>
> 设计师在画施工图或者效果图时，通常会根据业主的要求不断更改内容，很多时候业主不满意会让设计师改回前面的版本，这就要求设计师保留所有版本的文件，以便更好地完成后续的工作。首先统一在桌面建立快捷方式至工程目录，存放 CAD 文件；再分别按工程名称统一命名建立子目录；同一个工程文件统一存放在一个目录下，包括各个专业的文件。例如，E：\ 姓名 WORK \ 项目名称 \ 施工图。
>
> 在不同 CAD、SU 及效果图的文件后方注明更改日期，例如：×× 施工图 2022.1.9。这样会更加方便查找及更改。

三、制图的具体要求

1. 图幅、图标及会签栏

（1）图幅即图面的大小，需根据国家标准的规定，按图面的长和宽确定图幅的等级。居住空间设计常用的图幅有 A0（也称 0 号图幅，其余类推）、A1、A2、A3 及 A4，每种图幅的尺寸如表6-1所示。

表6-1　图幅的尺寸

基本幅面代号	A0	A1	A2	A3	A4
$b \times l$	841×1189	594×841	420×594	297×420	210×297
c		10			5
a			25		

注：表中数据单位为mm；表中 b 为图幅短边尺寸，l 为图幅长边尺寸，c 为图框线与幅面线间宽度，a 为图框线与装订边间宽度。

（2）会签栏是为各工种负责人审核后签名用的，包括专业、姓名、日期等内容，具体内容根据需要设置。

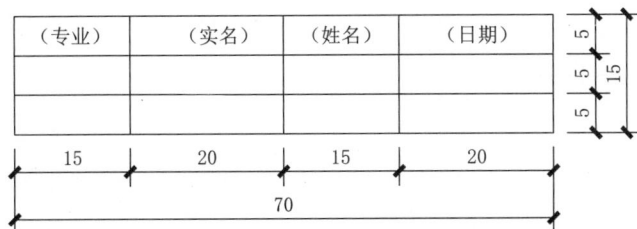

▲ 会签栏

（3）标题栏的主要内容包括设计单位标志、设计单位地址、工程名称、注意事项、图纸名称、图号，以及项目负责人、图纸比例等。如有备注说明或图例、简表，也可将其内容设置于标题栏中。

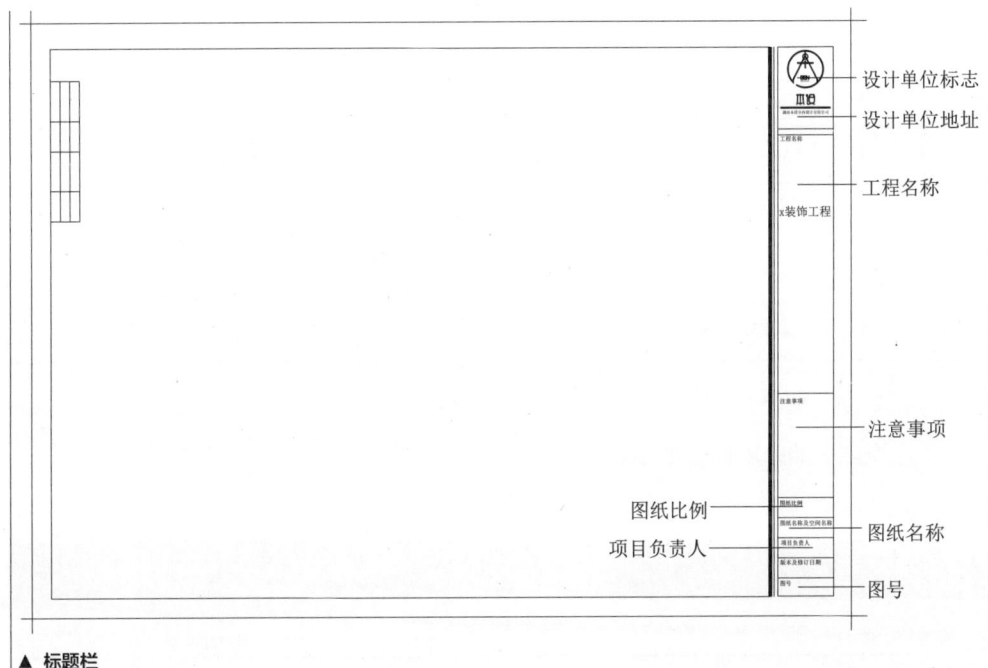

▲ 标题栏

2. 线型要求

居住空间设计图主要由各种线条构成，不同的线型表示不同的对象和不同的部位，代表着不同的含义。为了图面能够清晰、准确、美观地表达设计思想，工程实践中采用了一套常用的线型，并规定了它们的使用范围。在AutoCAD中可以通过"图层"中"线型""线宽"的设置来选定所需线型。

（1）工程线型规范

工程线型规范如表6-2所示。

表6-2　工程线型规范

名称	线型	主要用途
粗实线	——	1. 平面、剖面图中被剖切的主要建筑构造（包括构配件）的轮廓线 2. 室内立面图的外轮廓线 3. 建筑装饰构造详图中被剖切的主要部分的轮廓线
中实线	——	1. 平面、剖面图中被剖切的次要建筑构造（包括构配件）的轮廓线 2. 室内平顶面、立面、剖面图中建筑构配件的轮廓线 3. 建筑装饰构造详图及构配件详图中的一般轮廓线
次粗线	——	1. 可以应用于比较细的图形线、尺寸线、尺寸界线 2. 索引符号、标高符号、详细材料做法引出线 3. 粉刷层线、保温层线、地面和墙面的高差分界线等
细实线	——	尺寸线、尺寸界线、图例线等
中虚线	- - - - - -	1. 建筑构造及建筑装饰构件不可见的轮廓线 2. 拟扩建的建筑轮廓线
细虚线	··············	图例线，小于粗实线一半线宽的不可见轮廓线
点画线	—·—·—	中心线、对称线、定位轴线
折断线	——／\——	不需画全的断开线
双点画线	—··—··—	假想轮廓线、成型前原始轮廓线

（2）平面线型参照

平面线型参照如表6-3所示。

表6-3　平面线型参照

名称	线型	颜色标号	线宽/mm
原始结构类			
DOTE- 轴线	——	136	0.05
AXIS- 轴网标注	——	150	0.05
WALL- 墙体结构	——	160	0.30
WINDOW- 窗	—— ——	60、1	0.13、0.09
DIM- 标注	——	44	0.05
TEXT- 文字	——	50	0.05
I- 剪力墙填充	——	250	0.05

续表

名称	线型	颜色标号	线宽 /mm
平面布置类			
FF- 固定家具		30、55	0.15、0.05
FF- 活动家具		51、55	0.15、0.05
FF- 卫浴		31、35	0.13、0.05
FF- 平面灯具		22	0.09
FF- 挂画		120	0.15
DS- 窗帘		32	0.09
DS- 玻璃		1、8	0.09、0.05
DS- 完成面		20	0.09
DOOR- 门		60、8	0.13、0.05
PL- 植物		6、8	0.10、0.05
墙体定位类			
I- 间墙填充		6、8	0.20、0.05
地面材料类			
FC- 地面材料		144、8	0.13、0.05
顶面天花类			
RC- 天花吊顶		30、8	0.15、0.05
RC- 灯具		2、1	0.15、0.09
IRC- 消防类		2、1	0.15、0.09
其他			
E- 开关插座		4、1	0.13、0.05
PIPE- 水路		3、5、4、8	0.15、0.09
BS- 水电		250	0.05

（3）立面线型参照

立面线型参照如表6-4所示。

表6-4　立面线型参照

名称	线型	颜色标号	线宽 /mm
cEL- 墙体		200	0.45
cEL- 天花及墙体转折线		3	0.40
cEL- 墙面完成面 / 造型线		30	0.30
cEL- 地面完成线		160	0.25
cEL- 地脚线 / 造型内线 / 墙面分缝线		136	0.13
cEL- 墙面填充 / 天花填充 / 内线		250	0.08
cEL- 活动家具（虚线）/ 造型线（实线）		51	0.15
cEL- 标注		50	0.10
cEL- 立面标高 / 文字		50	0.10

3. 尺寸标注及设置规范

　　尺寸的标注需注意箭头符号的使用，在建筑图上使用的标注尺寸的箭头符号为圆点，这是因为在建筑图的标注尺寸中，均标识墙与墙中心线间的距离。但室内图标注的是净宽尺寸，所使用的标注尺寸的箭头符号应为斜线，尽量不要用箭头或者圆点标注尺寸，以免标注细小尺寸时无法明确知道标注尺寸的大小。

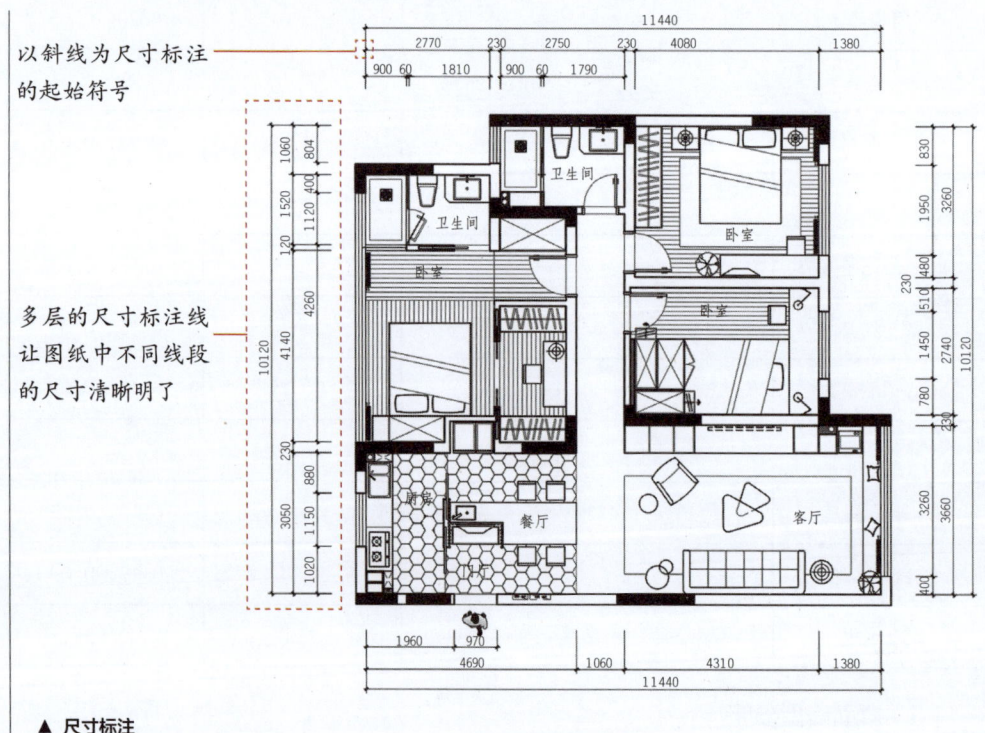

以斜线为尺寸标注的起始符号

多层的尺寸标注线让图纸中不同线段的尺寸清晰明了

▲ 尺寸标注

因图纸最终打印的比例不同，标注尺寸的设置也有所不同。标注尺寸比例主要有两种标注方式，即在模型空间标注与在布局空间标注。假设出图比例是1∶100，尺寸如果是在模型空间标注的，就要将"标注样式管理器"中的"全局比例"设置成1∶100；如果是在布局空间中标注的，就将"全局比例"设置成1∶1。如果不这样设置，随便根据自己的感觉设置，那么最终打印出图的尺寸就会不准确，导致工人看不清尺寸数值，无法按图纸施工。因此，标注尺寸要配合画面比例调整，才能使画面上的尺寸数值具有明确性。

在标注细节线段的尺寸时，标注尺寸设置过大会导致数值标注不明确

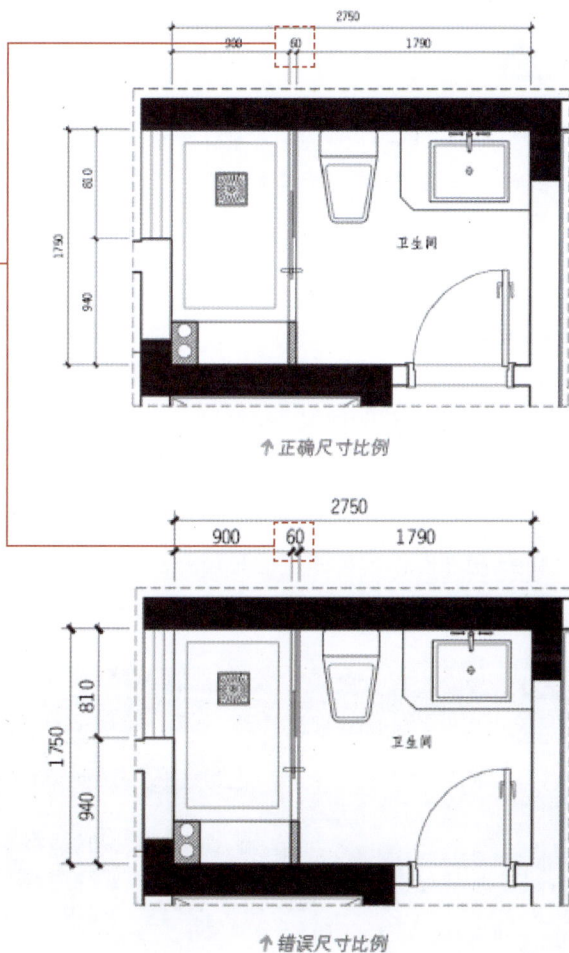

↑ 正确尺寸比例

↑ 错误尺寸比例

▲ 正确尺寸比例与错误尺寸比例

学习任务小结

施工图绘制时需要对施工工艺、材料、制图规范有一定的基础认识。

课后拓展

根据所学内容完成一张施工图绘制时的思维导图。

任务6.3 效果图的表达

学习任务导入

居住空间设计师常用软件有3ds Max、SU等，随着行业发展，新型的软件和插件更新很快，设计师一定要去了解每种软件的属性和利弊，用自己最擅长的软件去进行设计，才能将设计方案更好地呈现出来。

课前探讨

扫描二维码，观察其中的几张图纸，分析它们分别都是用哪些软件绘制出来的，以及它们在效果表达上都有什么特点。

课前探讨

学习任务讲解

居住空间的效果图主要运用3ds Max、草图大师、酷家乐等软件绘制或计算机手绘绘制。这4种表达方式的效果各有区别。

一、3ds Max

3ds Max虽然操作起来速度相对较慢，整体的建模、贴材质、调灯光、测试、渲染出图等需要大量时间，但出图质量高，效果图比较真实，模型比较细腻。

▲ 3ds Max界面

二、草图大师

草图大师是从最基础的点、线、面、体这些几何元素开始，逐步构建出复杂的几何模型。我们可以用它来进行现代建筑设计、古代建筑设计、园林设计、室内设计、家具设计等。另外，草图大师建一次模型就能直接出三视图、施工图、渲染图，并对接拆单插件进行生产，不用再花大量时间和成本与其他拆单软件对接。

▲ 草图大师界面

三、酷家乐

酷家乐作为一个在线的效果图设计工具，很适合初学者快速绘制效果图。

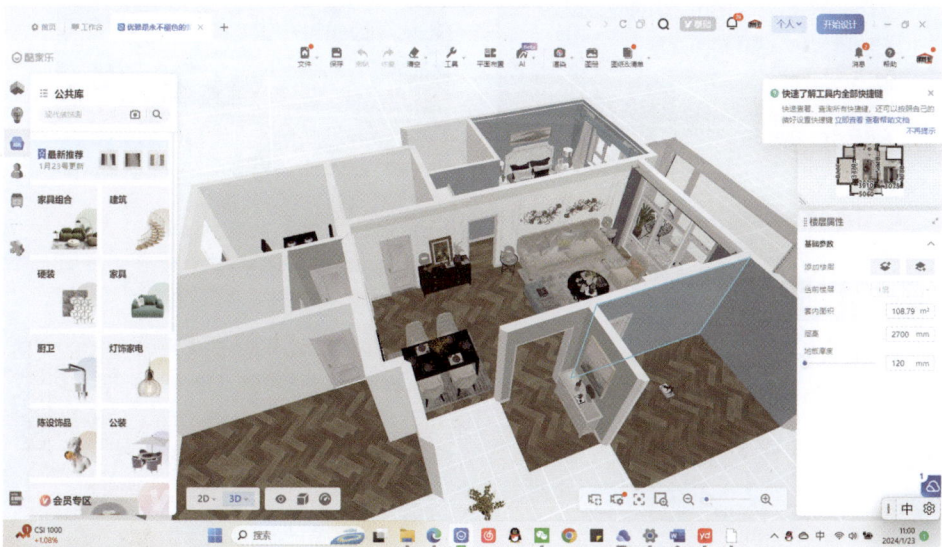

▲ 酷家乐界面

▲ 效果图

四、计算机手绘

计算机手绘效果图，顾名思义是通过设计师使用计算机手绘表现装修概况，手绘效果图需要设计师有比较扎实的绘画功底。

▲ 计算机手绘效果图

AIGC 案例

AIGC 技术在效果图表达方面具有显著优势。通过 AI 算法，设计师可以快速生成高质量的效果图，包括三维渲染图、平面布局图等，使设计方案更加直观、生动。这有助于客户更好地理解设计方案，提高设计沟通的效率。扫描二维码，可以看到使用通义万相平台生成的家居设计效果图，以及对应的指令文字。

效果图表达案例

学习任务小结 ▶

绘制效果图的方式有很多，设计师可以根据自己的实际情况和客户的需求进行有针对性的选择。

了解最新的AI效果图绘制方法，学习效果图绘制的新技术。

任务6.4 软装设计图的表达

学习任务导入

软装设计图一般用PPT文档图文并茂地表现，设计的图片应精致、美观、高清，并且能够表达主题。图片风格与设计主题保持一致非常关键，因为设计主题是整个软装设计的核心。

课前探讨

扫描二维码，观察其中的图，分析图中软装的配色方法。

课前探讨

学习任务讲解

一、什么是软装设计

软装设计所涉及到的软装产品包括家具、灯饰、窗帘、地毯、挂画、花艺、绿植等。根据客户喜好的软装风格对这些软装产品进行设计与整合，对空间按照一定的设计风格和效果进行软装工程施工，最终使得整个空间和谐、温馨、漂亮。

▲ 软装设计是建立在完全了解客户需求的基础之上的

二、软装设计的程序

1. 软装方案的设计

在设计软装方案之前要先与客户进行沟通，了解清楚客户的需求与喜好之后才能开始方案的设计。如果可以的话，最好先做好软装概念方案并将方案和理念汇报给客户，让客户认可，之后再对方案进行深化设计。

▲ 客厅深化方案

▲ 餐厅深化方案

2. 软装配置表的制作

软装配置表可以运用我们常用的Excel表格进行制作，可以分区域制作，如从客餐厅的家具、客厅的配饰、客厅的灯饰，分空间分类别去完善整个空间的软装配置。从一份完整的软装配置表中我们可以知道各个产品的造型、色彩、材质、品牌、规格、个数、价格及采购途径。

家具物料清单模板						家具物料清单	
序号	物料编号	内容	参考品牌	参考型号	参考图片	实物样板	备注
1	ST-01	爵士白大理石					
2	ST-02	帕斯高灰大理石					
3	ST-03	帝王黄大理石					
4	ST-04	黑白根大理石					

▲ 家具物料清单

家具选型模板			家具选型		
家具名称	三人沙发		家具名称	茶几	
家具编号	FU-01	材质描述	家具编号	FU-02	材质描述
使用区域	客厅	框架：拉丝钛金MT-01（对应家具物料清单） 面料：MC-01皮革（对应家具物料清单）	使用区域	客厅	框架：拉丝钛金MT-01（对应家具物料清单） 台面：ST-01爵士白大理石（对应家具物料清单）
参考数量	1		参考数量	1	
参考规格 （mm）	2300×850×840		参考规格 （mm）	900×900×450	
款式及物料参考图片			款式及物料参考图片		
【MT-01】 【MC-01】			【MT-01】 【ST-01】		
备注：			备注：		

▲ 家具选型

3. 软装施工图的绘制

软装施工图将图中相应的产品图例用引线标注出来，以配置表中相应的编号表示，能更加清楚地反映出产品所对应的位置。

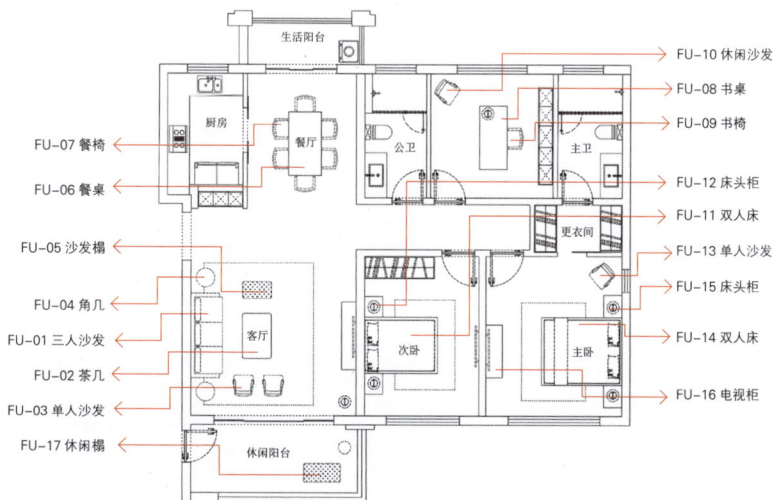

▲ 在平面图中标注出每件家具的位置

学习任务小结

软装设计需要提升审美，需要设计师不断学习新的配色手法、新的空间配置手法，以更好地满足客户个性化的需求。

课后拓展

设计思维导图，对软装进行分门别类的整理。

思考与实训

根据下图完成一套优秀的全案设计效果图。

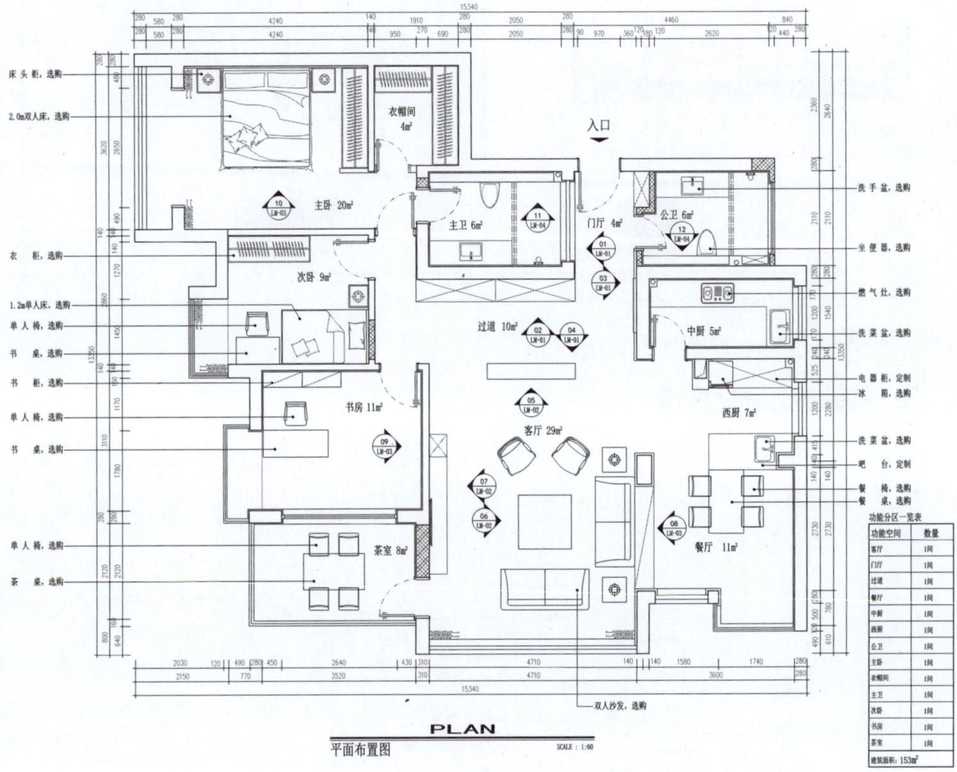

功能空间	数量
客厅	1间
门厅	1间
过道	1间
餐厅	1间
中厨	1间
西厨	1间
公卫	1间
主卧	1间
衣帽间	1间
主卫	1间
次卧	1间
书房	1间
茶室	1间
建筑面积：153m²	

▲ 居住空间平面布置图

项目实践与应用篇

模块7 居住空间项目实战

任务说明　通过本模块的学习，能够综合运用居住空间的设计理念、方法和技巧，合理利用室内布局、色彩、材质、照明和陈设等设计元素，完成居住空间的整体方案设计，并完成相应的施工图和效果图设计

知识目标　1. 了解行业前沿和发展趋势

2. 熟悉相关法规和技术标准

3. 掌握居住空间设计的基础理论

能力目标　1. 能综合运用所学知识，完成完整的设计方案

2. 能面对设计过程中的各种挑战，学会分析问题并找到合理的解决方案

素质目标　1. 培养审美鉴赏能力

2. 培养团队合作精神

3. 培养职业道德和社会责任感

评价标准　1. 专业知识掌握程度占10%

2. 实际应用能力占70%

3. 职业素养及态度表现占20%

任务 青年单身公寓空间设计

学习任务导入

据不完全统计，我国单身人口高达2.4亿，其中有8000万以上的人处于独居状态。独居青年对居住品质要求更高，他们追求生活空间的自主性、舒适性，对单身公寓的设计也有更高的要求。

课前探讨

扫描二维码，观察其中的图片，并讨论，你们梦想中的青年单身公寓是什么样的？你认为青年单身公寓中哪些空间、家具是必备的？

课前探讨

学习任务讲解

一、项目任务分析（以宜昌市坝区某案例为例）

1. 项目所在区域

本项目所在区域为湖北省宜昌市，本次项目为某地14小区5号楼、6号楼维修改造工程，现建筑均为公寓楼。房屋具体情况如下。

（1）5号楼与6号楼各指标相同，为翻转关系，每栋楼总建筑面积约为4873.45m²；建筑高度为20.70m；总建筑面积为9757.79m²（含5号楼附属门房10.89m²）。

（2）建筑类别：多层公共建筑。

（3）耐火等级：二级。

（4）结构类型：砖混结构。

（5）原建筑外墙装饰材料均为涂料，室内卫生间地面为防滑地砖地面，其余地面为地砖地面；卫生间内设有2.50m高面砖墙裙，开水间设有1.55m高面砖墙裙，其余内墙均为乳胶漆内墙；卫生间与活动室、健身房顶棚为铝扣板吊顶，其余为乳胶漆吊顶；内墙均为240mm及120mm厚实心砖砌墙。

2. 招标范围

14小区5号楼、6号楼维修改造，包括公寓楼的结构加固、装饰、给排水、电气、消防、电梯安装等专业改造。主要工程量如下：约30t电梯钢结构、100m²压型钢板＋细石混凝土楼板、60m³砌体、70m³混凝土、门1700m²、窗600m²（含空调百叶窗和钢质纱窗）、地砖和墙砖约9000m²、地板4300m²，以及部分墙体裂缝钢筋网片加固，两部电梯和单体空调、电热水器、洗衣机、冰箱等家电和衣柜、鞋柜等家具的采购及安装。

3. 主要工作内容

拆除工程（建筑的地面、墙面、顶棚、门窗、给排水、电气等）；主体结构加固工程；建筑装饰装修工程；电梯井道基础工程；建筑消防、给排水、电气安装工程（含室内外）；室外电梯钢结构、玻璃幕墙及电梯采购安装工程；家电、家具采购及安装工程（本工程的详细内容和工程量以招标文件工程量清单、技术文件、设计图纸及资料为准）。

4．工期

计划总工期240个日历天，计划开始时间为2022年4月1日，具体开工日期以发包方开工通知为准。

工期节点：开工通知下达之日起60个日历天内完成2栋公寓楼结构面层附属设施的拆除工程，并完成样板间装修，包括基础样板间、给排水样板间及装饰样板间。

二、项目拟解决的实际问题

1．墙体裂缝概况

14小区东区(5~8号楼)和西区(1~4号楼)均为6层砖混结构。现东、西区公寓楼顶层大部分承重墙体存在斜向贯穿裂缝，裂缝集中于第6层承重横墙，裂缝主要分布在墙体两端，1~5层墙体未发现明显裂缝。

① 八字形裂缝，大多数裂缝为贯穿裂缝。
② 个别非承重外墙门窗洞口内上角存在斜向贯穿裂缝。

▲ 墙体裂缝概况

2．墙体裂缝成因分析

经现场勘查，该建筑墙体裂缝主要集中于顶层（第6层）承重横墙，墙体裂缝为八字形裂缝，且多为贯穿裂缝，该裂缝为典型的温度裂缝。

该建筑所在地区昼夜温差较大，且顶层受温度影响尤为明显。因砖砌体和混凝土两种建筑材料的线膨胀系数差异较大，当外界温度升高时，混凝土屋盖变形大，而砖砌体变形相对较小，导致砖砌体和混凝土屋盖之间产生约束应力，当温度变化引起的约束应力足够大时，必然在墙体薄弱处产生水平或八字形的裂缝。门窗洞口上部墙体也会出现斜向裂缝，有时会贯通墙体。

检验测试中心认为14小区6号楼顶层墙体裂缝为温度裂缝。通常情况下，温度裂缝危害并不大，但对房屋的整体性、耐久性和外观影响较大，如遇到地震或风的水平荷载作用，则有可能导致房屋破坏。

3．墙体裂缝加固措施

墙体裂缝的加固措施可以从两个方面入手，一方面通过减少温差，提高房屋屋面保温标准，从而降低温度产生的约束应力水平，后期温度裂缝可较大缓解或停止发展；另一方面可用"钢筋网片＋高强砂浆"处理现有裂缝墙体。

注意

① 当墙体裂缝距墙边或楼面、屋面净距离小于等于1.0m时，钢筋网片应布置到墙边或楼面、屋面。

② 施工工艺：凿除砖墙粉刷层—开挖基槽—砖墙钻孔—挂钢筋网片—浇筑基础混凝土—粉刷砂浆—养护。

③ 墙体钢筋网片＋高强砂浆面层加固时，砂浆保护层的最小厚度为：室内环境正常情况下最小厚度为5mm；露天或室内潮湿环境情况下最小厚度为25mm。

三、绘制平面布局与空间效果图

1．平面布局图

带阳台和不带阳台的户型平面布局图如下所示。

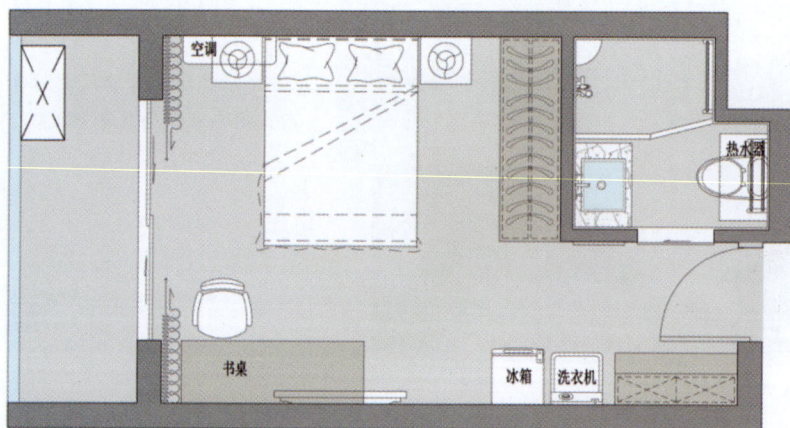

▲ 带阳台户型平面布局图

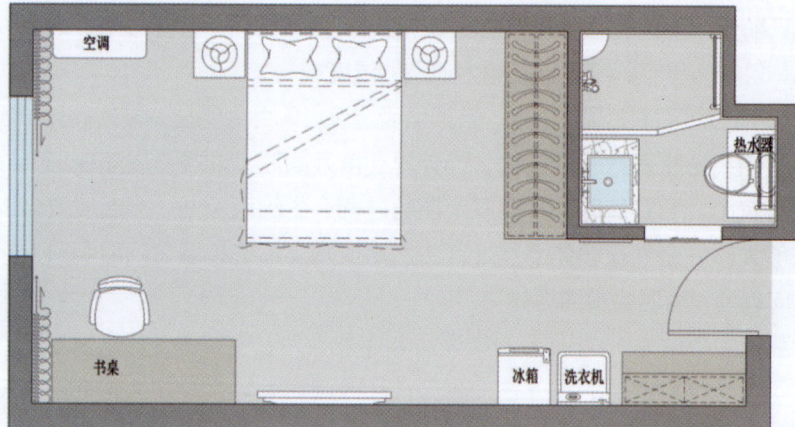

▲ 不带阳台户型平面布局图

2. 室内效果图

带阳台和不带阳台的户型室内效果图，以及卫生间、走道及电梯、乒乓球室、健身房、瑜伽室、台球室的效果图如下所示。

▲ 带阳台户型室内效果图

▲ 不带阳台户型室内效果图

▲ 健身房效果图

▲ 卫生间效果图

▲ 走道及电梯效果图

▲ 乒乓球室效果图

▲ 瑜伽室效果图

▲ 台球室效果图

四、项目设计要求

1. 实用性

所谓"麻雀虽小，五脏俱全"，意思就是，虽然是小户型单身公寓，但是该有的区域必须要有，厨房、阳台、小客厅、餐厅、卫生间、卧室都不能少。并且单身公寓的空间通常较小，合理选择多功能家具将对空间的合理利用起到很大作用。例如，可以选择沙发床或折叠床，以便在需要时提供额外的睡眠空间。此外，带有储物功能的家具，如床下储物箱和带抽屉的咖啡桌，也可以提供更多的储物选项，帮助居民充分利用有限的空间。在设计单身公寓的厨房和卫生间时，应考虑到其实用性，设计得易于打理。厨房应该设计得紧凑、功能齐全且易于清洁。卫生间应该兼顾舒适性和功能性，选择简洁的陶瓷和优质的洁具，以确保居民的基本需求得到满足。

▲ 多功能家具

2. 合理性

要考虑到空间利用率，尽可能地利用每一个角落，让公寓的空间得到最大化的利用。例如卧室能当书房用，小阳台能放洗衣机等。

通过巧妙的空间规划，可以将单身公寓划分出合适的功能区域，如饮食区、睡眠区和工作区。每个区域都需要具备相应的功能，尽可能满足居民的日常生活需求。

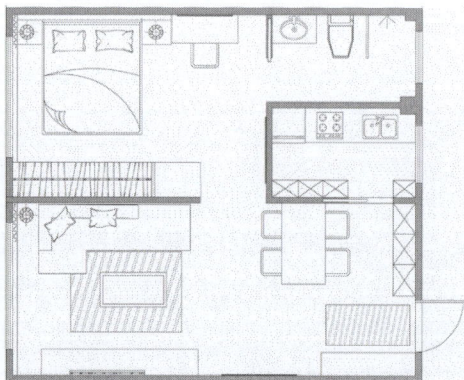

▲ 平面布置图

▲ 效果图

3. 社交、互助性

（1）社交性

青年单身公寓的设计应注重文化氛围的营造，考虑到居民社交互动的需求，设置公共区域和社交场所，促进当代年轻人重视社交和人际关系，积极与他人交流和互动。

（2）互助性

互助性在社区设计中变得越来越重要。对于青年单身公寓项目来说，这种特点尤为重要，因为青年人通常需要彼此支持、互相学习，并建立长久的社交网络。设计一些可以鼓励交流和互动的共享空间，如休息室、厨房、健身房等，可以让青年人有机会在日常生活中互相了解、建立友谊。

4. 环保性

在青年单身公寓项目的设计中，环保性是一个非常重要的设计要素。青年单身公寓项目设计的环保性涵盖了多个方面。

（1）节能

青年单身公寓应采用节能技术，例如使用高效节能空调、LED灯具等，以减少能源的消耗。

（2）循环利用

青年单身公寓应采用循环利用技术，例如雨水收集系统、垃圾分类回收系统等，减少对自然资源的消耗。

（3）环保材料

青年单身公寓应采用环保材料，例如使用可再生木材、低挥发性的有机化合物涂料等，减少对自然资源的消耗和对人体健康的影响。

（4）室内空气质量

青年单身公寓应注重室内空气的质量，提供空气净化器、新风系统等设施，确保居民的呼吸健康，为居民提供一个更加健康、舒适和可持续的生活环境。

5. 安全性

青年单身公寓应考虑到居民的安全，包括防火、防盗、紧急疏散等方面，如24小时门禁系统、监控摄像头和火灾报警器等，确保居民能够安心居住。此外，公寓的建筑材料和设备也应该经过严格的安全检测和认证，以避免安全事故的发生。

6. 智能性

青年单身公寓的智能性是一个非常重要的设计要素，它可以提高居住的便捷性和舒适性，同时也可以满足年轻人对智能化生活的需求。

（1）智能家居系统

智能家居系统可以方便居民对房屋进行远程控制和管理，例如控制空调、电视、冰箱、洗衣机等家电设备，以及智能锁、照明、窗帘等家居设施。这些系统可以通过智能手机、平板电脑或专用遥控器进行控制，提高了居住的便捷性和舒适性。

（2）智能安全系统

智能安全系统可以提供全方位的安防服务，例如监控摄像头、智能门禁系统、火灾报警器等。这些系统可以通过智能手机、平板电脑等设备进行监控和管理，提高了居住的安全性和可靠性。

（3）智能环境控制系统

智能环境控制系统可以自动调节室内环境，例如温度、湿度、光照等，使居住环境更加舒适和健康。这些系统可以通过智能手机、平板电脑等设备进行控制和调节。

▲ 智能化系统为居民提供一个更加便捷、舒适和现代化的生活环境。同时，这些智能化设计也可以提高项目的品质和竞争力，满足年轻人对智能化生活的需求和期望

AIGC 案例

通过模拟不同的家具布局和装饰风格，AIGC 模型能够生成多个适合小户型的空间设计方案。扫描二维码，可以看到使用通义万相生成的小户型居住空间方案图，以及对应的指令文字。

小户型空间案例

学习任务小结

通过对本任务内容的学习，我们研究和分析了位于宜昌某公寓楼的设计方法，了解了青年单身公寓项目的特点和要求，掌握了相关的设计理念和方法。同时，我们也认识到青年单身公寓项目的设计需要综合考虑年轻人的需求和偏好，注重环保、安全、智能化和个性化等方面，这样设计不仅可以提高居住环境的舒适性和便捷性，还可以促进社区社交网络的形成和发展。

在未来的工作中，我们可以将这些设计理念和方法应用到实际项目中，为年轻人提供更加舒适、实用、环保、智能化的居住环境。同时，我们还可以不断学习和探索新的设计方法和技术，以满足不断变化的市场需求、提高客户的生活品质。

课后拓展

请根据本任务的学习内容，进行头脑风暴，完成青年单身公寓居住空间设计点的思维导图。